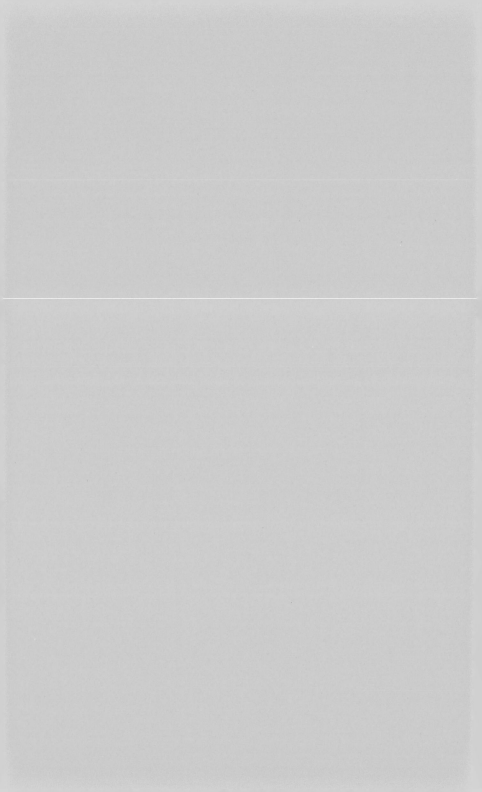

별나게
다정한
천문학

본문의 참고 자료는 앞쪽에 수록되었으며, 본문 중에 해당 자료의 번호를 표기하였습니다.

빅뱅부터 별의 종말까지 황홀한 우주 여행 ——— 이정환 지음

별나게
다정한
천문학

Big Bang

The End of the Stars

Astronomy

행성B

2

그림 1. 국제우주정거장에서 촬영된 러시아 우주복 'SuitSat-1'의 사진입니다. 우주인이 없는 빈 우주복이지요. 과학자들은 SuitSat-1 안에 배터리와 라디오 송신기 등을 넣어뒀습니다. 우주 환경에서 우주복 온도와 배터리가 얼마나 영향을 받는지 실험하기 위해서지요. (출처: 국제우주정거장, 미국 항공 우주국)

그림 2. 제임스 웹 우주망원경이 발사되는 순간입니다. 제임스 웹 우주망원경은 2021년 12월 25일 크리스마스에 프랑스령 기아나 우주센터에서 아리안 5호에 실려 우주로 발사되었습니다. 구경 6.5m의 이 대형 망원경은 허블 망원경이 관측하지 못했던 천체들까지 관측할 수 있습니다. (출처: 미국 항공 우주국/Chris Gunn)

그림 3. 칠레 아타카마 사막에 있는 '아타카마 대형 밀리미터 집합체(ALMA; 알마)'의 모습입니다. 수십 개의 안테나로 이루어져 있어 천체들을 전파 영역에서 관측하고 있습니다. (출처: 유럽 남방 천문대, 알마)

4

5

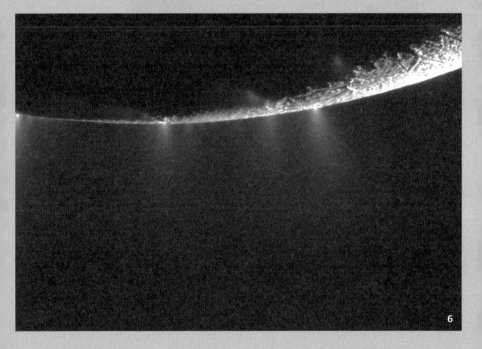

6

2장

그림 4. 1982년 베네라 13호가 보내온 금성 표면입니다. 황량한 지표면을 그대로 보여주고 있지요. (출처: 베네라 13호, 미국 항공 우주국)

그림 5. 퍼서비어런스 로버가 화성에 착륙한 다음 화성 표면과 함께 로버의 일부까지 '셀카 모드'로 촬영한 사진입니다. (출처: 미국 항공 우주국)

그림 6. 2009년 카시니 탐사선이 촬영한 토성의 위성 엔셀라두스 표면의 사진입니다. 아래 방향으로 하얗게 빛나는 부분은 엔셀라두스 표면 지하에서 뿜어져 나오는 물로 추정됩니다. (출처: 미국 항공 우주국)

그림 7. 오시리스-렉스 탐사선이 소행성 베누에 가까이 가서 촬영한 사진입니다. 작아 보이지만 소행성 중에서는 대장급입니다. (출처: 미국 항공 우주국, 애리조나 대학교)

그림 8. 뉴호라이즌스호 탐사선이 명왕성에 가까이 가서 찍은 사진입니다. 뉴호라이즌스호가 이 사진을 얻기 전에는 크기 수십 픽셀 정도의 흐릿한 사진이 우리가 볼 수 있었던 가장 좋은 명왕성 사진이었지요. 2015년 이 사진이 공개된 뒤, 명왕성은 표면에 보이는 밝은색 하트 모양 지형 덕분에 꽤 인기를 얻었습니다. (출처: 미국 항공 우주국)

3장

그림 9. 오리온자리의 별들과 그 주변을 뿌옇게 감싸고 있는 성운 구름의 모습입니다.
베텔게우스(왼쪽 위)와 리겔(오른쪽 아래)의 색깔 차이가 뚜렷하게 보입니다. (출처: Pixabay)

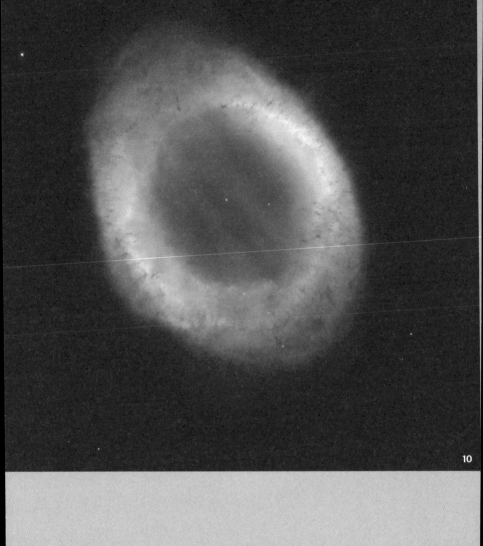

그림 10. 거문고자리 근처에 있는 고리 성운(메시에 57)의 사진입니다. 행성상성운의 대표적인 예로 꼽힙니다. 중심에는 백색왜성이 되어가는 별이 있습니다. (출처: 허블 헤리티지 팀, 미국 항공 우주국, 유럽 우주국)

그림 11. 서기 1054년 폭발한 초신성의 잔해로 남은 '게 성운(메시에 1)'의 컬러 이미지입니다. 전파 영역부터 적외선, 가시광선, 자외선, 엑스선까지 모두 관측하여 합성한 사진이지요. 상당히 독특한 모양이 특징이며, 성간물질을 공부하는 수업에서도 다루기 아주 좋아하는 천체입니다. (출처: 미국 항공 우주국, 유럽 우주국, 미국 국립전파천문대)

그림 12. 약 9만 광년 떨어진 곳에 있는 구상성단 메시에 54(M54)입니다. 아주 많은 별이 공처럼 둥글게 바글바글 모여 있습니다. 메시에 54는 우리은하 밖에서 발견된 첫 번째 구상성단입니다. (출처: 미국 항공 우주국, 유럽 우주국)

그림 13. 남반구에서 볼 수 있는 용골자리 성운의 산개성단 '트럼플러 14'입니다. 구상성단보다 듬성듬성 떨어져 있는 별들과 주변의 짙은 성간 먼지들이 보입니다. 용골자리 성운은 우리은하에서 별의 공장이라고 불러도 될 정도로 엄청나게 많은 성간 가스와 산개성단들이 있습니다. (출처: 미국 항공 우주국, 유럽 우주국)

그림 14. 작가가 직접 그린 구상성단 NGC288과 산개성단 NGC3572의 색-등급도입니다. 가로축은 색깔을 나타내며 오른쪽으로 갈수록 붉어진다는 의미이고, 세로축은 밝기를 나타내며 위로 갈수록 밝다는 의미이지요. 구상성단의 색-등급도에는 붉은 별들이 마치 가지 모양으로 뻗어나와 분포하는 모습이 보입니다. 반면 산개성단의 밝은 별은 그런 가지 모양이 보이지 않고 대부분 푸른색을 띠고 있습니다.

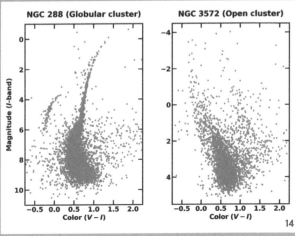

그림 15. 칠레에서 촬영된 은하수의 파노라마 사진입니다. 밤하늘을 가로지르는 띠 모양을 하고 있지요. 중간에 거뭇거뭇한 성간 먼지들도 보입니다. (출처: 유럽 남방 천문대)

그림 16. 처녀자리 은하단의 중심에 있는 거대 타원은하 메시에 87(M87)입니다. 오른쪽으로 뻗어 있는 푸른색 줄기는 M87의 중심에 있는 거대 질량 블랙홀에서 나오는 고에너지 물질의 흐름입니다. (출처: 미국 항공 우주국, 허블 우주 망원경)

17

18

그림 17. 정상나선은하의 대표적인 예인 메시에 101(M101), 일명 북쪽 바람개비 은하의 사진입니다. (출처: 미국 항공 우주국, 유럽 우주국)

그림 18. 막대나선은하의 대표적인 예인 NGC1300 은하입니다. 은하 중심을 지나는 길쭉한 막대구조가 아주 뚜렷하게 보입니다. (출처: 미국 항공 우주국, 유럽 우주국, 허블 헤리티지 팀)

그림 19. 안드로메다 은하와 그 위에 조그맣게 보이는 하얀 점이 바로 메시에 110(M110) 입니다. (출처: 미국 항공 우주국, 유럽 우주국, Digitized Sky Survey 2)

그림 20. 우리은하에서 16만 광년 떨어진 곳에 있는 대마젤란운(Large Magellanic Cloud). 이웃한 소마젤란운과 함께 독특하고 불규칙한 모양을 보여줍니다. (출처: 유럽 남방 천문대)

그림 21. 메시에 87번 은하 중심에서 관측된 거대 질량 블랙홀의 사진입니다. 고리 모양으로 보이는데, 고리 중심에 어둡게 보이는 부분이 빛이 빠져나오지 못하는 영역입니다. (출처: Event Horizon Telescope Collaboration)

그림 22. 중심 부분에 보이는 NGC474 은하와 그 주변을 촬영한 사진입니다. 일반적인 타원은하와는 달리 NGC474 은하 주변에는 역동적인 껍질 구조들이 보입니다. 천문학자들은 이 구조를 과거 은하 병합의 흔적으로 해석하지요. (출처: 암흑 에너지 서베이, CTIO/NOIRLab/NSF/AURA)

23

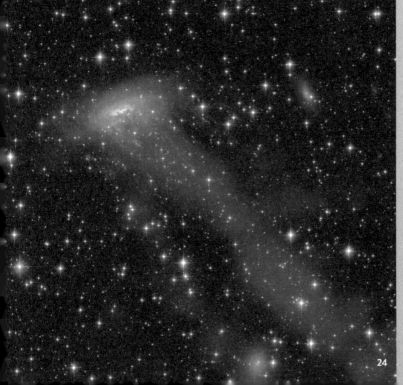

24

그림 23. 위쪽에 있는 NGC4038 은하와 아래쪽에 있는 NGC4039 은하가 병합하는 과정에서 만들어낸 안테나 은하 구조의 사진입니다. 사진을 보는 각도에 따라 하트 모양으로 보이기도 하지요. 자세히 보면 군데군데 젊은 별이 만들어지는 곳이 푸른빛으로 보입니다. (출처: 유럽 우주국, 허블 우주 망원경, 미국 항공 우주국)

그림 24. 해파리 은하의 대표적인 예인 ESO 137-001 은하의 사진입니다. 은하 바깥 방향으로 향하는 긴 꼬리가 아주 인상적입니다. (출처: 미국 항공 우주국/고다드 스페이스 플라이트 센터)

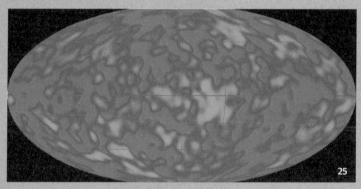

25

26

그림 25. 1992년까지 코비 위성이 관측하여 얻은 우주배경복사의 모습입니다. 빨간색 지역은 온도가 높은 지역을, 파란색 지역은 온도가 낮은 지역을 나타내고 있지요. 온도 요동의 정도는 거의 수만 분의 1도 수준이었습니다. 이 사진으로 우주배경복사가 균일하지 않다는 사실이 처음 관측으로 확인되었습니다. (출처: 미국 항공 우주국/고다드 스페이스 플라이트 센터)

그림 26. 코비 위성의 후속인 더블유맵이 관측한 우주배경복사의 사진입니다. 이전의 코비 위성 관측 자료와 비교해보면 훨씬 해상도가 좋아졌다는 걸 알 수 있지요. 천문학자들은 이렇게 고해상도의 우주배경복사 이미지에서 노다지같이 많은 정보를 얻어낼 수 있었습니다. (출처: 미국 항공 우주국, WMAP 연구팀)

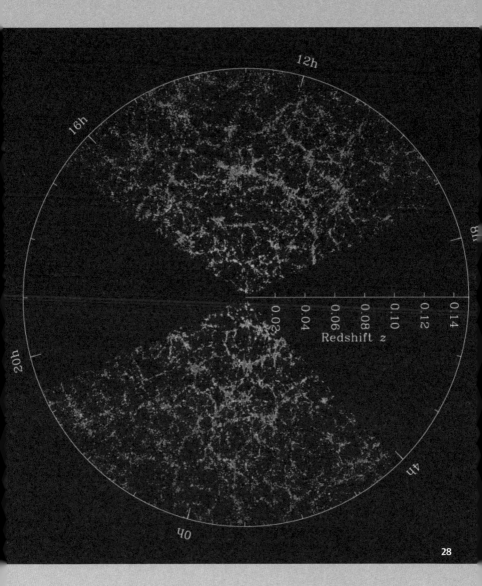

6장

그림 27. 알마를 이용해 전파 영역에서 촬영한 원시 행성계 원반 'HL Tau'의 모습입니다. 갓 태어난 젊은 별이고 주변이 가스에 가려져 있어 관측이 어려웠지만, 알마를 이용해 이런 고해상도의 이미지를 얻을 수 있었지요. (출처: 알마, 유럽 남방 천문대)

그림 28. 슬론 디지털 하늘 탐사에서 그린 우주 은하 지도입니다. 빨간색은 나이가 많은 은하를, 푸른색은 나이가 젊은 은하를 보여주고 있지요. 은하들이 균일하게 분포하는 게 아니라 군데군데 빈 영역이 있음을 볼 수 있습니다. 전체적으로 거미줄 같은 구조를 이루고 있지요. 참고로 가로 방향으로 빈 곳은 탐사가 되지 않은 영역을 나타냅니다. (출처: M. Blanton, 슬론 디지털 하늘 탐사)

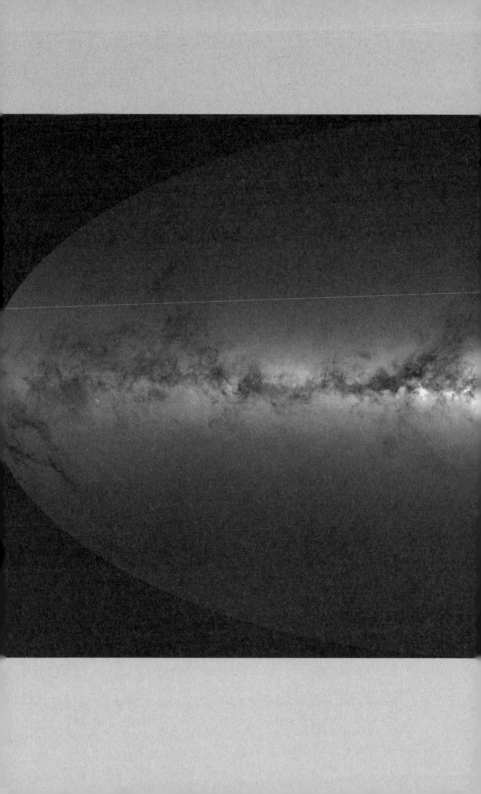

29

그림 29. 가이아 위성이 그린 우리은하의 지도입니다. 연주시차를 잰 별들은 약 15억 개, 연주시차를 재지 못한 별까지 포함하면 18억 개나 되는 별을 관측했지요. 그래서 천문학자들은 우리은하의 수많은 성단을 새로 발견하고 주변 왜소은하의 별까지도 연구할 수 있게 되었습니다. (출처: 유럽 우주국, 가이아 위성)

차
례

4장. 은하는 어떤 모습으로 우주를 수놓았나

5장. 먼 우주에서 온 빛은 어떤 이야기를 담고 있을까

6장. 천문학에는 앞으로 어떤 모험이 펼쳐질까

프롤로그

아득히 먼 어느 날, 우주는 예고도 없이 뽕 하고 태어났습니다. 상상할 수도 없이 작고 뜨거운 시공간의 거품 같은 모습이었지요. 엄청난 폭발에 휩싸여 급격히 팽창하던 우주에 시공간의 미세한 요동이 생겨났습니다. 오묘한 힘의 균형으로 우주의 뼈대가 만들어졌지요. 빛과 물질은 한동안 서로 끈적하게 엉겨 붙었다가 우주가 식어가자 각자 홀로 서게 되었습니다. 물질은 자기들끼리 뭉쳐서 뭔가를 뚝딱뚝딱 만들고, 빛은 마침내 시공간을 자유롭게 가로지르기 시작했습니다. 앞으로 펼쳐질 우주 이야기는 이 빛이 전해주는 이야기입니다.

지금 우리가 보고 듣고 느끼는 모든 것들이 이런 마법 동화 같은 이야기로 시작되었다면 믿을 수 있을까요? 놀랍게도 이 이야기는 지금까지 가장 똑똑한 사람들이 모여서 밝혀냈던 우주판 '출생의 비밀'입니다. 우주가 어느 순간에 펑! 하고 폭발하며 생겨났다고 해서 '빅뱅우주론'이라고 부르지요. 사실 어차피 대폭발의 순간은 상상조차 되지 않으니 펑! 하고 터진다고 하든 뽕! 하고 태어났다고 하든 별 상관은 없을 것 같습니다.

셜록 홈스는 불가능한 것을 제외하고 남은 것이 아무리 믿기 힘들지라도 그게 진실이라고 했지요. 이를테면 빅뱅우주론이 그런 진실일 겁니다. 그리고 마치 탐정처럼 그 진실을 밝혀왔던 사람들이 있었습니다. 바로 천문학자들입니다. 천문학자들은 평소에 흔하게 만날 수 없는 데다 어딘가 신비로운 사람들 같아 보이기도 하지만, 사실은 긴 역사 동안 어느 문명, 어느 대륙에서든 반드시 존재해 왔습니다. 그만큼 인간의 호기심은 참을 수 없는 것이었으니까요. 수천 년 동안 천문학자들은 조각난 증거들을 모으고 또 모아 우리의 시작에 관한 이야기를 써 내려왔습니다. 그렇게 쓰인 빅뱅우주론 이야기는 단순한 판타지가 아니라 논리적으로 우주가 왜 그렇게 태어날 수밖에 없었는지를 말해주는 결과물이지요.

천문학자는 케플러나 아인슈타인, 허블처럼 엄청난 업적을 남겨야만 가치를 인정받을 것 같다고 하던 친구가 있었습니다. 물론 대단한 발견을 하고 굉장한 이론을 세워서 주목받으면 좋겠지만, 그렇게 눈에 보이는 것만이 천문학의 전부가 아니라는 걸 말하고 싶었습니다. 이름을 알린 유명한 과학자들 또한 이름 모를 수많은 천문학자가 모아둔 탄탄한 증거들이 있었기에 그러한 업적을 남길 수 있었습니다. 그 과정에서 저 같은 천문학과 대학원생들이 많은 일을 하기도 합니다. 보이지 않더라도 제자리에서 묵묵히 최선을 다하는 이들이지요. 게다가 연구도 사람이 하는 일이라 때로는 착각도 하고 서로 경쟁하며 다투기도 합니다. 우주 이야기는 그렇게 사람들이 함께 그려가는 이야기입니다.

몇 년 전 갑작스럽게 출판사의 제의를 받고 이 책을 준비하게 되었습니다. 걱정이 앞섰습니다. 스스로 생각해도 보잘것없는 글솜씨도 문제였지만, 무엇보다 선배 천문학자들께서 너무나 잘 써놓으신 책들이 이미 많았기 때문입니다. 천문학이 생소한 사람들을 위해 쓰기로 했지만 그래도 천문학계에 몸담은 후배 천문학자로서 할 수 있는 이야기도 있으리라 생각했습니다. 이렇게 꼬리에 꼬리를 무는 고민을 거듭하느라, 또 대학원생으로서 연구에 더 우선순위를 두느라 글 쓰는 시간은 무진장 오래 걸렸습니다. 괜히 부끄러운 마음에 글을 쓴다는 얘기를 주변에도 거의 하지 않았습니다. 그래도 항상 지지하고 응원해 준 가족과 지인들에게 늘 고맙습니다. 소중한 기회를 주신 행성B 출판사에도 감사의 마음을 전해드립니다. 처음 연락을 주셨던 여미숙 전 주간 님께도 감사드립니다. 인내심이 많이 들어가셨으리라 생각합니다.

태양계 하면 '수금지화목토천해(명)'까지밖에 모르던 중학생 시절, 저는 난생처음으로 천문학 대중 강연을 들으러 갔다가 '오르트 구름'에 관한 이야기를 듣고 충격을 받았습니다. 태양계 변두리에는 '오르트 구름'이라는 작은 천체들의 모임이 있다고 합니다. 태양을 수백 년 주기로 공전하는 혜성들의 고향으로 추정되는 곳이지요. 워낙 작고 어두운 천체들의 모임이라 지금까지도 제대로 관측이 되지 못했지만, 천문학자들은 오르트 구름의 존재 가능성을 상당히 높게 보고 있습니다. 당시의 저에게 오르트 구름은 그야말로 신세계이자 문화 충격(?)이었습니다. 제가 알던 태양계가 다가 아니었으니까요. 명왕성보다 100배는 더 먼 곳에서 아주 많은 천체가 우리와 함께 태양을 돌며 한솥밥을 먹고 있었던 겁니다. 오르트 구름은 그 존재 가능성 자체만으로도 제 생각의 지평을 활짝 열어주었습니다.

이 책에는 전반적인 우주 이야기를 넓고 얕게 담아보았습니다. 태양계부터 별의 일생, 다양한 은하들과 좌충우돌 우주론까지. 다채로운 우주 이야기가 여러분들만의 '오르트 구름'을 발견하는 데 조금이나마 도움이 되었으면 좋겠습니다.

2021년 5월 개기월식 날,
이정환

1장

우리는 왜 우주를 보는가

물음표로 이루어진
우리의 우주

끝없는 호기심이 뻗어가는 곳, 우주

우리에게 호기심은 본능에 가깝습니다. 궁금한 것을 보면 절대 그냥 지나치는 법이 없습니다. 동네에 새로운 카페나 식당이 생기면 반드시 찾아가 보고, 몰랐던 용어를 들으면 그 자리에서 바로 핸드폰으로 검색해 보고, 여행을 계획할 때는 늘 가보지 못했던 곳을 더 궁금해하며, 나와 성격이 다른 사람에게 잠시나마 호감을 느끼기도 합니다. 그래서 실망할지도 모르지만 새로운 곳에 늘 발을 디디려 하고, 손해를 볼지도 모르는 곳에 투자하고, 상처를 줄지도 모르는 사람에게 다가가곤 합니다.

그런 면에서 인간의 호기심은 참 비효율적이지요. 궁금함을 해소하기 위해 취하는 행동은 종종 위험을 무릅써야 하는 경우가 많기 때문입니다. 모르는 것 대신 알고 있는 것만 지키면 적어도 당장은 실망하거나 손해 볼 일이 없을 텐데 군이 새로운 것을 알고 싶어 하며 시간과 노력을 투자하니 말입니다. 좀 더 큰 줄기에서 인류의 역사를 들여다봐도 마찬가지입니다. 새로운 대륙을 탐험하고 새로운 자원을 찾아 나서며 막대한 노력을 쏟아붓고, 때로는 큰 희생을 치르기도 하는 일의 연속이었기 때문이지요. 이런 비효율을 감수하고도 호기심을 충족시키기 위해 끊임없이 새로운 것을 찾아가는 걸 보면 인간은 호기심 없이는 살아갈 수 없는 존재인지도 모르겠습니다.

프랑스 화가 폴 고갱의 유명한 그림 제목처럼 '우리가 어디에서 왔고 어디로 가는지(우리는 어디에서 왔고, 우리는 무엇이며, 어디로 가는가?(D'où Venons Nous? Que Sommes Nous? Où Allons Nous?), 폴 고갱, 1897년 제작 - 편주)'는 인간이 세상에 던지는 가장 기초적인 질문이자 호기심의 출발입니다. 여러 학문 분야는 모두 그 호기심을 채우기 위한 수단이지요. 역사, 지리, 경제, 심리, 생명과학 등 세상의 모든 학문은 서로 다른 방식으로 인간의 물음에 답하고자 합니다. 더 나아가서는 종교와 예술도 마찬가지라 볼 수 있겠지요. 지금 우리를 둘러싼 세계와 문명은 모두 인간의 호기심에서 출발했다고 봐도 과언은 아닐 것 같습니다.

그 꼬리에 꼬리를 무는 질문의 끝에는 우주가 있습니다. 우주는 우리가 몸담고 있는 시간과 공간, 그 자체이지요. 오늘날 우리가 존재하기 전부터 우주에는 138억 년이라는 도저히 상상조차 되지 않는 긴 시간이 흘렀습니다. 그 억겁의 시간 속에서 우리은하와 태양과 지구가 만들어지고 우리가 지금 존재하고 있지요. 그래서 우리는 인간 존재의 의미를 알고 싶은 마음에 누구나 한 번쯤 호기심에 찬 눈으로 우주를 올려다봅니다.

저는 TV 시리즈 〈스타트렉〉을 무척 좋아합니다. 세계관이 워낙 방대해서 모든 내용을 다 보지는 못했지만 〈스타트렉〉이 인간과 우주를 다루는 방식이 꽤 마음에 들었습니다. 인류가 우주선을 타고 온 우주를 누비면서 만나게 되는 여러 천체와 외계인들은 인간의 호기심과 상상력에 불을 붙이지요. 그래서 〈스타트렉〉의 오프닝 문구로 이야기를 시작하도록 하겠습니다.

"우주는 최후의 미개척지다. 우리의 임무는 낯설고 새로운 세상을 탐험하여 새로운 문명과 생명체를 찾고, 그 누구도 닿지 못한 곳으로 대담하게 가보는 것이다(Space: the final frontier. Our mission is to explore strange new worlds, to seek out new life and new civilizations, to boldly go where no man has gone before)."

우주를 품은 학문, 천문학

우리의 호기심으로 가득한 우주는 긴 시간뿐만 아니라 광활한 공간으로도 우리를 압도합니다. 현재 인류의 기술로는 지구에서 가장 가까운 외계의 별까지만 가는 데도 10만 년 가까이 걸립니다. 그런데 그 별은 우리은하에 있는 수천억 개의 별 중 하나일 뿐이지요. 게다가 우리은하 역시 우주에 있는 수천억 개 이상의 은하 중 하나일 뿐입니다. 이 수많은 은하는 넓은 우주 공간에서 서로 거미줄처럼 얽히고설킨 커다란 구조를 이루고 있지요. 거미줄이 있으면 그 사이사이에 빈 공간도 있는 것처럼, 별과 은하가 거의 없이 텅 빈 거대한 우주 공간도 있습니다. 〈스타트렉〉에 나오는 워프 엔진처럼 우리의 이동 기술이 발달하지 않는 이상, 우리에게 우주는 사실상 닿을 수 없는 곳입니다. 상상할 수도 없을 정도로 넓고 깊은 호기심의 바다와 같지요.

천문학天文學은 그런 우주를 품는 학문입니다. 우주는 인간이 도달할 수 없는 먼 곳이지만 그곳에서 일어나는 일들은 우리와 무관하지 않습니다. 천문학자들은 지금 우리가 보는 드넓은 우주가 사실은 과거의 한 점으로부터 팽창해 왔다고 말합니다. 지금은 억겁의 시간을 가야만 하는 먼 곳도 과거에는 우리와 이웃처럼 가까웠다는 이야기입니다. 지금 우주 저 너머에서 일어나는 일도 과거의 어떤 시점에서는 분명 우리에게 큰 영향을 미쳤을 겁니다.

우리 주변을 구성하는 모든 물질은 저 먼 우주에서 만들어졌습니다. 연필에 들어가는 탄소, 매일 쓰는 스마트폰과 컴퓨터 반도체의 규소, 과자 봉지의 질소, 숟가락과 젓가락의 스테인리스강,

숨 쉬는 데 필요한 산소까지도 우주에 처음부터 있던 것은 아닙니다. 수많은 별과 은하가 그런 원소들을 만들어 우주 공간에 퍼뜨린 것이지요. 그렇게 우주 공간에 퍼진 물질들은 뭉쳐서 새로운 행성, 별 그리고 은하를 만듭니다. 우리 삶의 터전인 지구와 태양계도 이렇게 생겨난 천체들입니다. 그렇게 생각해 보면 하나부터 열까지 우리와 우주가 연결되지 않은 부분을 찾기가 힘들 겁니다.

이런 점에서 우주는 우리의 뿌리를 찾기 위한 최적의 대상이지요. 그래서 우주를 보고 공부하는 학문은 모든 문명에서 오랜 시간에 걸쳐 발전해 왔습니다. 흔히 과거의 천문학이라고 하면, 별의 움직임을 바탕으로 점을 치는 일을 많이 떠올립니다. 하지만 그 일의 실제 의미는 예전부터 그보다 훨씬 더 깊었습니다. 인간이 감히 도달할 수 없고 상상할 수도 없는 넓고 어두운 밤하늘을 바라보며 우리의 존재에 대해 끊임없이 질문을 던지는 일이지요. 그렇게 치열하게 질문을 던지고 우주에서 답을 찾으려 했던 많은 사람이 쌓아온 탑이 오늘날의 천문학입니다. 저는 천문학이 이 세상의 모든 학문 중에서 생각에 담는 범위가 가장 넓은 아주 '통 큰' 학문이라고 자부합니다. 우리가 일상에서 당연하게만 여겨오던 것을 당연하지 않은 시선으로 바라봐온 과정이지요.

엿볼수록 늘어만 가는 밤하늘의 물음표

우주에 이렇게 거창한 질문과 의미를 부여하지 않더라도 그 매력을 십분 느낄 수 있는 수단이 있습니다. 바로 천체 사진입니다. 최근에는 소형 망원경 같은 관측 장비들을 일반인들도 쉽게 이용할 수 있습니다. 웬만한 학교에도 천체 관측 동아리가 있으니까요. 저도 고등학교 시절 천체 관측 동아리에서 천체 망원경을 처음 접했는데, 렌즈 너머로 목성과 함께 400년 전 갈릴레이가 발견했다는 그 4개의 위성을 보았을 때 느꼈던 전율은 아직도 생생합니다. 아마추어 천체 사진가들도 그런 신비한 느낌에 빠져 밤하늘과 어우러진 천체들을 담으러 다니는 것이겠지요. 거창한 이유는 없습니다. 그냥 밤하늘에 비친 우주가 예쁘고 신비로우며 멋있으니까요.

그러므로 세계 각지의 천문대와 연구소들도 천체 사진의 중요성을 아주 잘 알고 있습니다. 특히 많은 돈을 들여 만든 천체 망원경일수록 연구를 위해 얻은 관측 자료에 색을 입혀 멋진 사진으로 만들어 대중들에게 공개하고 홍보하지요. 그래서 허블 우주 망원경이나 스바루 망원경, 제미니 망원경 등의 웹사이트를 찾아 들어가 보면 멋진 천체 사진들을 앞다투어 보여줍니다. 그리고 대부분의 천문대는 관측 후 일정 기간(보통 1~2년)이 지나면 관측 자료를 모든 사람에게 공개하게 되어 있습니다. 저는 천문학계의 이런 풍토가 굉장히 합리적이고 멋지다고 생각합니다. 시민들의 세금을 모아서 만든 천문대이기 때문에 거기서 나온 결과도 시민들에게 돌려준다는 느낌이랄까요. 게다가 1년만 지나면 전 세계 모든 사람에게 공개될 자료들이기 때문에, 관측 자료로 연구를 하면서 임의로 연구 결과를 조작해 논문을 발표할 수도 없습니다. 그런 짓을 했다가는 1년 뒤에 전 세계 천문학자들에게 망신당할 테니까요. 이렇게 천문학 연구의 투명성을 보장하는 안전장치로 작동하기도 합니다.

나사NASA는 '오늘의 천체 사진APOD'이라는 웹사이트를 운영하는데, 세계 각지의 망원경에서 쏟아지는 관측 자료들을 매일 아름답고 멋진 사진으로 만들어 보여줍니다. 몇 년 전 제가 학교에서 천문학 교양 수업 조교를 맡았을 때, 담당 교수님께서 이 APOD 웹사이트에서 제공하는 천체 사진 중 하나를 정해 소개하는 발표 과제를 내신 적이 있었습니다. 저는 조교로서 주로 수업을 참관하고 과제를 채점하였기 때문에 학생들을 더 잘 관찰할 수 있었지요. 천문학 전공자부터 천문학에 아예 문외한인 학생까지 다양한 전공의 학생들이 수업을 수강하고 있었습니다. 주로 수학과 물리학에 기반한 천문학 지식을 다루다 보니 인문대학 수강생들은 따라가기 힘들어하는 것도 눈에 보였지요. 하지만 각자 고른 천체 사진으로 학기 과제 발표를 하는 날에는 전공과 관계없이 모두가 눈을 반짝였습니다. 인문학 전공자인 한 학생은 국제우주정거장에서 촬영한 지구와 둥둥 떠다니는 우주복 사진을 가지고 느낀 점을 이야기했지요. (그림 1) 모든 발표에 큰 호응이 쏟아졌습니다. 그 모습을 보면서 천체 사진은 정말 사람들의 시야를 우주로 돌릴 수 있는 아주 매력적인 도구라는 생각이 들었습니다. 혹시 아나요? 그 학기 과제가 또 어떤 학생들에게는 본격적으로 천문학 공부를 시작할 의욕을 불태우게 했을지도 모르지요.

밤하늘에 보이는 수많은 천체는 모두 타임머신과 같습니다. 천체에서 방출한 빛이 우리 눈에 도달하기까지는 짧게는 수십, 수백 년부터 수십억 년까지도 걸리기 때문입니다. 우리는 밤하늘에서 무수히 많은 지난 시간의 발자국을 보고 있는 셈이지요. 이런 까닭에 밤하늘을 찍은 천체 사진은 우리의 호기심을 끊임없이 자극합니다. 그렇게 사진을 통해 우주를 엿볼수록 우리의 우주는 또다시 물음표로 채워집니다. 천문학과에 지원하기 위해 쓰는 자기소개서에는 '천체 사진을 통해 얻은 우주에 대한 동경 때문'이라는 말이 자주 등장합니다. 판에 박힌 식상한 말로 취급될 때가 많긴 하지만, 정말로 순수하게 그런 이유로 천문학을 공부하고 싶어하는 사람이 많을 겁니다. 우주는 그런 감성의 보고이기도 하니까요. 이것도 천문학만의 매력이 아닐까 싶습니다.

빛은 우주의
언어

우주를 보는 눈, 빛

우주와 우리가 소통하는 유일한 언어는 빛입니다. 천문대에 있는 망원경들은 거울과 렌즈로 우주에서 오는 빛을 모은 다음 그 신호를 기록해 사진을 촬영하지요. 우리가 일상에서 핸드폰 카메라로 사진을 찍는 것과 원리는 같습니다. 다만 우주에서 오는 아주 희미한 빛까지 모아야 하니 핸드폰 카메라보다 훨씬 큰 거울이나 렌즈가 필요할 뿐이지요. 현재 지구상에서 가장 큰 광학 망원경은 스페인의 카나리아 제도에 있는 '그란 텔레스코피오 카나리아스GTC'로 거울 지름이 10.4m에 달합니다. 그래서 먼 우주에 있는 천체들까지 촬영하여 연구할 수 있지요. 연구를 위해 사용되는 천체 사진도, 취미로 촬영하는 사진도 모두 빛을 얼마나 잘 모으느냐에 그 결과가 달려 있습니다.

빛은 우주 저 너머에서 전해 오는 '떨림'입니다. 소리나 물결도 빛과 같은 떨림의 일종인데, 과학자들은 이 떨림을 '파동'이라고 부릅니다. 빛은 시공간을 따라 우리에게 전해오는 파동이지요. 그래서 빛은 우리가 우주를 볼 수 있는 눈과 같습니다. 그러니 우리가 우주를 보기 위해서는 반드시 빛의 특성을 잘 알아야 합니다. 빛이라는 우주의 언어를 익혀야만 하는 셈이지요.

빛은 속도가 매우 빠릅니다. 1초에 약 30만 km, 지구를 일곱 바퀴 반이나 도는 엄청난 속도를 자랑하지요. 현재 기술로는 비행기를 타고 태평양 건너 지구 반대편까지만 가는 데도 20시간 가까이 걸린다는 사실을 생각하면 그야말로 우리가 상상할 수도 없는 빠르기입니다. 온 우주를 통틀어도 빛보다 빠른 것은 없습니다. 그래서 일상에서는 빛이 속도를 가지고 있다는 사실조차도 잘 느끼지 못합니다. 실제로도 빛이 유한한 속도를 지니고 있다는 사실은 17세기나 되어서야 물리학자들의 정밀한 실험으로 알려지기 시작했지요.

천문학에서는 빛의 속도로 1년을 가야 도달할 수 있는 거리를 '1광년'으로 정의하여 거리의 단위로 사용합니다. 빛이 지닌 엄청난 빠르기로 1년을 간다면 어디까지 도달할 수 있을까요? 왠지 아주 멀리까지도 갈 수 있을 것 같지만 사실은 태양계 밖에서 가장 가까운 별인 프록시마 센타우리까지도 가지 못합니다. 프록시마 센타우리까지는 빛의 속도로도 약 4년이나 걸리지요. 참고로 현재 인류의 기술로는 이 거리를 가는 데 10만 년 가까이 걸립니다. 범위를 좀 더 넓혀보면, 지구에서 우리은하 중심까지는 약 3만 광년, 이웃 안드로메다은하까지는 약 250만 광년 정도 떨어져 있습니다. 하지만 안드로메다은하도 우주에서는 그저 이웃집 정도에 불과합니다. 현재 우리가 가장 멀리까지 보고 있는 은하는 거의 수백억 광년 너머에 있는 것들이 많지요. 이렇게 우주에서는 빛의 속도를 단위로 삼아 천체들까지의 거리를 가늠하곤 합니다. 이쯤 되면 거리를 상상하기를 포기하게 됩니다. 광활한 우주의 위엄이 조금은 더 느껴지시나요?

밤하늘에 보이는 별과 은하들은 모두 과거의 모습입니다. 프록시마 센타우리는 4년 전의 모습을, 안드로메다은하는 250만 년 전의 모습을, 수천만 광년 떨어진 은하들은 그만큼 과거의 모습을 비춰주지요. 그래서 천체 사진을 보면 1초에 30만 km로 전달되는 빛이라는 떨림을 통해 우주와 소통하는 설렘을 느낄 수 있습니다.

무지개보다 더 다양한 빛의 갈래

그런데 우리가 '빛'이라고 뭉뚱그려 이야기하는 파동은 사실 여러 얼굴을 지니고 있습니다. 어떤 파동이 한 번 떨릴 때마다 진행하는 거리를 '파장'이라고 부르는데, 빛은 이 파장 범위가 짧게는 0.01 nm부터 수 m에 이르기까지 아주 넓습니다. 그리고 파장의 길이에 따라 빛의 성질이 조금씩 다르게 나타나지요. 예를 들면, 파장이 짧은 빛은 주로 에너지가 높은 뜨거운 물질에서 나오고, 파장이 긴 빛은 에너지가 낮은 차가운 물질에서 나옵니다. 어떤 천체를 관측했다면 그때 관측한 빛의 파장을 이용해 그 천체의 온도나 성질까지 추측할 수 있다는 뜻이지요. 그래서 빛이라는 우주의 언어를 이해하려면 파장에 따라 어떤 빛을 볼 수 있는지 자세히 알아야 합니다.

사람의 눈으로 볼 수 있는 빛은 파장이 약 400 nm에서 700 nm 구간에 불과합니다. 이 파장 범위의 빛을 '가시광선'이라고 부르지요. 비 온 뒤 하늘에 뜬 무지개에서 볼 수 있는 색깔들이 바로 가시광선의 범위를 그대로 보여줍니다. 파장이 긴 쪽은 빨간색, 파장이 짧은 쪽은 보라색에 가깝게 보이지요. 그러니 우리 눈에 보이는 색깔은 결국 빛의 파장에 따라 달라지는 겁니다.

알록달록하고 예쁜 천체 사진들도 대부분 가시광선 영역을 보는 천체 망원경들에 의해 촬영된 것이지요. 이런 천체 망원경들을 '광학 망원경'이라고 부릅니다. 광학 망원경은 천체를 관측하기 위해 특정 파장대의 빛만 받아들이는 '필터'를 이용합니다. 파장이 긴 쪽을 보는 붉은 필터부터 파장이 짧은 쪽을 보는 푸른 필터까지 여러 개의 필터를 이용해 관측한 다음, 각각의 필터로 얻어낸 사진들에 색깔을 입혀 컬러 사진을 만드는 것이지요. 즉, 색상이 다양한 천체 사진들은 보통 가시광선 영역의 우주를 그대로 보여준다고 할 수 있습니다.

한편 가시광선 영역의 빛을 필터를 이용하지 않고 파장에 따라 분리하여 무지개처럼 펼쳐서 보는 방법도 있습니다. '분광'이라고 하지요. 17세기에 뉴턴이 만들었던 프리즘이 빛을 분광하는 분광기에 해당합니다. 분광기를 통해 천체를 보면 그냥 필터를 씌워 천체를 촬영한 이미지보다 훨씬 더 많은 정보를 알 수 있습니다. 파장에 따라 빛을 더 자세하게 나눠주기 때문이지요. 그래서 수많은 천문대의 광학 망원경에 분광기가 달려 있습니다. 천문학자들은 각자의 연구 목적에 맞게 다양한 분광기를 이용해 천체들을 연구합니다. 그래서 관측천문학을 연구하는 대학원생들은 보통 첫 학기부터 천체 이미지 처리 방법과 함께 분광 데이터 처리 방법까지 기본적으로 배우기도 하지요.

가시광선 영역을 벗어나면 그때부터는 우리 눈에 보이지 않는 세계입니다. 가시광선보다 더 파장이 긴 영역의 빛은 '적외선', '전파' 등으로 분류하고, 가시광선보다 더 파장이 짧은 영역의 빛은 '자외선', '엑스선', '감마선' 등으로 분류합니다. 분류를 좀 더 세분화하기도 하지만 대략 이 정도만 파악해도 빛이라는 언어를 어느 정도 이해할 수 있습니다.

적외선은 눈에 보이지 않는 빛 중에서도 우리에게 꽤 친숙한 빛입니다. 이름 그대로 가시광선의 빨간색보다 파장이 긴 쪽에 있으며, 보통 파장이 $700\,nm$에서 길게는 $1\,mm$까지인 빛을 적외선이라고 부릅니다. 적외선은 주로 사람을 비롯한 생명체의 몸에서 체온에 의해 방출됩니다. 어떤 물체든 온도를 지니고 있으면 그 온도에 해당하는 열과 함께 빛을 방출합니다. 사람이나 다른 포유류의 체온인 35~40도에서는 주로 적외선이 나옵니다. 그래서 적외선은 야간 관측 장비나 열 감지기로 관측하는 데 많이 이용됩니다. 밤에는 가시광선이 적어서 사람의 눈은 빛을 인식하지 못하지만, 생명체의 몸에서 방출되는 적외선은 적외선 카메라로 관찰하면 보이기 때문입니다. 여담이지만 적외선이 건강에 좋다는 광고가 많아서 또 다른 면으로 우리에게 잘 알려져 있기도 하지요. 당연하게도 그런 광고들은 아무런 과학적 근거가 없습니다.

적외선으로 우주를 관측하는 대표적인 장비는 스피처 우주 망원경입니다. 적외선은 가시광선보다 우주 먼지를 더 잘 통과하는 성질이 있어서 뿌연 성운에 가려진 별들을 관측할 때 아주 유용하지요. 2003년부터 수많은 관측으로 적외선 천문학을 발전시켜 온 스피처 우주 망원경은 2020년 초 임무를 완전히 끝냈습니다. 이제는 2021년 크리스마스 날 발사된 제임스 웹 우주 망원경이 적외선 천문학의 다음 주자로 나섰지요. (그림 2)

전파는 $1\,mm$보다 파장이 긴 빛입니다. 일상에서 전파는 꽤 중요한 역할을 맡고 있습니다. 전자레인지에 이용되는 전파는 음식의 물 분자를 진동시키면서 음식을 따뜻하게 데우지요. 게다가 우리가 매일 들여다보는 스마트폰, 라디오, 내비게이션 등 모든 통신 기기에 사용됩니다. 빛은 파장이 길면 장애물이 있어도 방해를 덜 받기 때문에 더 쉽게 진행할 수 있습니다. 그래서 전파는 멀리 떨어진 곳과 통신하기에 가장 유리한 빛이지요.

우주에서 전파는 주로 수소 원자 가스를 관측할 때 이용됩니다. 현재 우주를 구성하는 물질의 약 75%는 수소 원자입니다. 수소 원자는 기본적으로 파장이 21cm에 해당하는 전파를 방출합니다. 그래서 어떤 은하의 수소 원자 가스 분포를 보려면 전파망원경을 이용하지요. 물론 수소 원자 가스뿐만 아니라 수소 분자 가스나 다른 유기물 분자 가스의 분포를 관측할 때도 전파 영역의 빛이 필요하기 때문에, 천문학에서 전파망원경의 역할은 꽤 중요합니다. 현재 활발하게 활동하고 있는 전파망원경에는 칠레 아타카마 사막에 있는 알마ALMA 전파 간섭계와 미국 뉴멕시코주에 있는 장기선 간섭계VLA 등이 있습니다. (그림 3)

전파는 빅뱅으로 우주가 탄생하던 시기의 흔적을 고스란히 실어와 우리에게 보여주는 빛이기도 합니다. 빅뱅 이후 대폭발의 열기로 인해 엄청난 빛과 열이 우주 공간을 채우고 있었습니다. 시간이 지나고 우주가 팽창하면서 그 열기는 점점 식어갔지요. 그러면서 우주 공간을 가득 채우고 있던 빅뱅 직후의 빛은 에너지가 점점 낮아져 파장이 길어졌고, 지금은 전체 우주 공간에서 전파로 관측되고 있습니다. 천문학자들은 이 빅뱅의 흔적을 '우주 배경 복사'라고 부릅니다. 5장에서 더 자세히 얘기하겠지만, 우주 배경 복사는 태초에 빅뱅이 실제로 있었다는 아주 강력한 증거입니다. 그래서 플랑크 위성과 같은 전파 관측 기기들이 우주 배경 복사를 더 정밀하게 관측하고자 노력하고 있습니다.

이제 가시광선보다 파장이 짧은 쪽으로 가면, 파장이 $10\,nm$부터 $400\,nm$까지의 자외선, $0.01\,nm$부터 $10\,nm$까지의 엑스선, 그리고 $0.01\,nm$보다 더 짧은 감마선이 있습니다. 이 빛들은 파장이 짧아 에너지가 아주 강합니다. 사람의 몸을 그냥 투과할 수 있습니다. 많은 양을 직접 쬐면 세포가 파괴되어 암 발생 확률이 높아지고 심하면 사망에 이를 수도 있지요. 그래서 태양에서 나오는 자외선은 매년 여름이면 경계의 대상이 되곤 합니다. 하지만 적은 양의 빛은 엑스선 흉부 촬영이나 살균기 등에 유용하게 쓰이기도 합니다.

이렇게 파장이 짧은 빛은 우주에서 별 생성 작용, 블랙홀, 감마선 폭발 등을 관측하는 데 이용될 수 있습니다. 새로운 별이 만들어지거나, 블랙홀이 물질을 빨아들이거나, 천체가 감마선 폭발을 일으키면 엄청나게 높은 에너지가 빛으로 쏟아져 나오기 때문입니다. 이렇게 나오는 빛은 파장이 짧은 영역에서 관측해야 하지요. 하지만 파장이 짧은 빛은 관측하기 어려워서 관측 기기의 수 자체가 적은 편입니다. 지구 대기가 파장이 짧은 빛을 쉽게 차단해 버리기 때문에 제대로 된 관측을 위해서는 관측 기기를 우주에 띄워야 합니다. 물론 애초에 지구 대기가 이런 빛을 그냥 통과시켰다면 지구는 이미 생지옥이 되었겠지요. 관측의 어려움에도 불구하고 갈렉스 자외선 우주 망원경, 찬드라 엑스선 우주 망원경, 페르미 감마선 우주 망원경 등이 지금까지 지구 궤도를 돌며 파장이 짧은 영역의 빛을 관측하는 데 활약했습니다.

빛의 세계는 그야말로 보이는 것보다 안 보이는 것이 훨씬 더 큰 곳입니다. 비 온 뒤에 나타나는 찬란한 무지개도 그저 빙산의 일각에 불과합니다. 이렇게 다채로운 여러 갈래의 빛을 통해 우주를 본다는 건 여러 개의 눈으로 우주를 볼 수 있다는 뜻이기도 합니다. 가시광선의 영역에서 관측했을 때는 먼지에 가려 보이지 않던 별이 적외선 영역에서는 보이기도 하고, 엑스선 관측을 통해 어린 별들이 정확히 어디서 태어나고 있는지 알 수 있으며, 따로 뚝 떨어져 있어 서로 전혀 상관없어 보이던 은하들이 전파 영역에서 보면 사실은 하나로 연결돼 있음을 알게 되기도 합니다. 최근에는 더 많은 천문학자가 다양한 빛을 이용해 우주를 연구하고 있습니다. 그래서 다파장 천문학multiwavelength astronomy이라고 부르기도 하지요. 다파장 천문학은 우주의 언어를 익힌 천문학자들에게 빛이 주는 선물이 아닐까요?

천문학이 우리에게
남긴 발자취

하늘이 아니라 지구가 움직인다

우주를 관찰하는 일은 마냥 신비로워 보이지만, 한편으로는 우리의 주소를 냉정하게 판단해 주었습니다. 한때 우주의 중심이 인간이라고 생각하던 오만을 완전히 무너뜨렸지요.

인류의 우주관은 인간 중심적인 사고방식에서 점점 벗어나는 방향으로 발전해 왔습니다. 유럽에서는 르네상스 이전 시기만 하더라도 대부분의 사람은 지구를 우주의 중심이라고 생각했습니다. 심지어는 지구가 둥글다는 사실도 부정했지요. 가만히 생각해 보면 이해가 가기도 합니다. 망원경도 없고 대륙을 넘나드는 비행기나 대기권 밖으로 나갈 수 있는 인공위성도 없던 시절에 어떻게 지구가 둥글며 태양 주위를 돌고 있다고 생각할 수 있었을까요? 매일 다른 모습을 보여주는 밤하늘이지만 보통 사람들이 보기에는 별들이 지구 주위를 돌고 있다고 느낄 수밖에 없었을 겁니다. 만약 지금 우리가 그 시대로 돌아가면 그때 사람들과 다를까요? 아마 아닐 겁니다. 한 시대의 일반적인 상식이나 통념은 그만큼 벗어나기 힘든 족쇄가 되기도 하니까요.

천문학의 발전은 그러한 사회의 분위기를 깨기 시작했습니다. 16세기 중반 코페르니쿠스는 지구가 우주의 중심이라는 지구 중심설에서 발상을 전환해 지구가 태양 주위를 돌고 있다는 태양 중심설을 제안합니다. 지금 보면 쉬운 발상처럼 보이지만, 당시에는 혁명적인 사고방식이었습니다.

지구 중심설은 밤하늘의 다양한 천체 운동이 모두 지구를 중심으로 일어난다는 주장입니다. 지구 중심설에 따르면 밤하늘 모든 별과 달의 운동은 지구를 중심으로 이루어지는 것이었습니다. 우리는 가만히 있는데 별과 달은 시간이 지나면서 밤하늘을 도는 것처럼 보였기 때문이지요. 태양계 행성들의 경우는 조금 더 복잡했습니다. 수성이나 금성의 경우, 초저녁 서쪽 하늘이나 새벽녘 동쪽 하늘에서만 잠깐 보일 뿐 절대 자정에 가까운 깊은 밤에는 볼 수 없었습니다. 또한 화성, 목성, 토성의 경우 어느 날 갑자기 운동하던 방향을 바꾸어 거꾸로 움직이는 역행 현상이 나타나기도 했습니다. 이렇게 행성들의 복잡한 운동은 단순한 지구 중심의 공전 운동만으로는 설명할 수 없는 문제였습니다.

이러한 문제도 고대부터 수많은 관측을 통해 잘 알려져 있었습니다. 지구 중심설은 행성들의 운동 문제를 주전원epicycle 개념을 도입해 해결하고자 하였습니다. 주전원이란 공전 궤도 위의 어떤 점을 중심으로 하여 도는 작은 원을 뜻합니다. 주전원이 있으면 화성이나 목성은 지구를 중심으로 공전하면서도 그 주전원을 따라 또 작게 움직이기 때문에, 가끔 거꾸로 움직인다는 것이었습니다. 이렇게 행성의 새로운 운동 궤도를 가정하면 태양계 행성들의 운동도 설명할 수 있었습니다. 그렇게 지구 중심의 공전 운동과 주전원 개념으로 정리된 지구 중심설은 당시에는 눈에 보이는 모든 천체의 운동을 잘 설명할 수 있었기에 약 2,000년 동안 정설로 받아들여져 왔습니다.

16세기 중반 코페르니쿠스가 지적했던 지구 중심설의 문제는 너무 복잡하다는 것이었습니다. 지구 중심설 체계가 모든 천체의 운동을 설명하고는 있었지만, 그 과정에서 필요한 주전원의 개수가 너무 많았습니다. 어떤 경우에는 하나의 천체에 수백 개의 주전원이 있어야 천체의 운동을 설명할 수 있었습니다. 지구 중심설과 주전원으로 어떻게든 천체의 운동을 설명하려 하다 보니 너무 복잡한 체계가 만들어져 버린 거지요. 그래서 코페르니쿠스는 그런 지구 중심설 자체에 문제가 있다고 얘기한 겁니다. 하지만 예나 지금이나 복잡하더라도 어떻게든 많은 사람이 믿는 정설을 통해서 현상을 설명하려 하지, 정설의 뿌리부터 흔드는 새로운 가설을 제시하는 일은 쉽지 않습니다. 학자들의 반발과 비판을 이겨내야만 하는 일이니까요.

1543년 코페르니쿠스는 지구와 행성들이 태양 주위를 공전한다는 태양 중심설을 발표하였습니다. 다만 코페르니쿠스가 어떤 새로운 관측 증거를 가지고 태양 중심설을 주장한 것은 아니었습니다. 당시의 태양 중심설은 지구 중심설과 같은 관측 결과들을 관점만 완전히 바꾸어 새롭게 설명한 가설이었습니다. 그래서 코페르니쿠스의 발상 전환은 더 대단한 일일지도 모릅니다. 지금도 혁명적인 발상의 전환을 일컫는 말로 '코페르니쿠스적 전환'이라는 용어를 쓰는 걸 보면, 그 영향이 얼마나 컸는지 짐작할 수 있습니다.

발표될 당시에는 보수적인 사회 분위기에 부딪혀 태양 중심설이 큰 힘을 발휘하지 못했습니다. 하지만 이후 1610년, 갈릴레이가 최초로 망원경을 통해 목성의 주변을 도는 위성들을 발견하면서 태양 중심설은 서서히 설 자리를 잃어갔습니다. 모든 천체는 지구를 중심으로 돌아야 하는데 목성 주위를 도는 천체들이 있었기 때문이죠. 이후 16~17세기의 케플러와 뉴턴 등의 천문학자들이 수많은 관측 데이터를 분석하여 행성들의 운동 법칙을 정리합니다. 이 법칙들은 지구가 우주의 중심이 아니라는 사실을 다시 한번 확실히 하였지요. 케플러의 제1 법칙은 '모든 행성은 태양을 한 초점으로 하는 타원 궤도를 돌고 있다'입니다. 완벽히 원형으로 공전하고 있는 것은 아니지만 어쨌든 지구를 포함한 행성들은 태양을 중심으로 공전 운동을 하고 있다는 뜻이지요. 이렇게 인류가 아는 우주의 범위는 지구에서 태양계로 확장되었고, 그 중심도 이제는 지구가 아니게 되었습니다.

한 번 더 우주의 중심에서 변방으로

인류가 알고 있는 우주가 태양계까지 넓어진 지 수백 년 뒤인 1919년, 미국의 천문학자 섀플리는 태양계도 '우리은하'의 변방에 있다고 주장하였습니다. 여름철이면 밤하늘에 보이는 은하수 덕분에 당시 사람들도 수많은 별이 모여서 이루는 우리은하의 존재는 알고 있었지만, 태양계가 우리은하의 중심에 있는지 아닌지는 알지 못했습니다. 알지 못한다는 것은 결국 또 편한 대로 우리가 중심이라고 생각한다는 뜻이기도 하지요. 인간은 뭐든지 스스로가 중심이라고 생각하니까요.

섀플리는 우리은하에 속해 있는 '성단'이라는 별의 무리까지 거리를 측정하여 우리은하의 크기와 그 속에서 태양계의 대략적인 위치를 그려보았습니다. 섀플리는 우리은하의 지름이 약 30만 광년이며, 태양은 우리은하의 중심이 아닌 변방에 있는 수많은 별 중의 하나라고 보았습니다. 태양, 행성, 달, 그리고 수많은 소행성과 혜성들을 포함한 태양계마저도 우리은하의 중심이 아니라는 의미이지요. 섀플리가 모은 관측 증거들로 우리의 우주는 다시 우리은하 정도로 넓어졌습니다.

하지만 섀플리 또한 우리은하를 우주 전체로 보고 있었다는 점에서 결국 한계가 있었습니다. 그래서 가을철 밤하늘에 나타나는 뿌연 안드로메다 성운도 우리은하에 포함되는 천체라고 생각했지요. 하지만 섀플리가 활동하던 20세기 초반은 우주의 천체들까지 거리를 측정하는 방법이 한창 발달하던 시기였습니다. 섀플리의 주장이 나온 지 불과 5년 뒤, 또 다른 천문학자 에드윈 허블은 안드로메다 성운까지의 거리를 약 90만 광년으로 측정하였습니다. 섀플리가 주장했던 우리은하의 크기를 고려하면, 안드로메다 성운은 우리은하와는 다른 또 하나의 은하임이 분명했습니다. 그때까지는 그저 밤하늘에서 뿌옇게 보여서 안드로메다 '성운'이라고 불렀지만 이젠 안드로메다 '은하'라고 불러야 했지요. 우리은하 역시 마찬가지로 우주의 중심이 아니었습니다. 밤하늘에 보이는 안드로메다은하와 닮은 뿌연 천체들이 대부분 우리은하 밖에 있는 외부은하임이 밝혀졌지요. 이 이야기는 4장에서 더 자세히 다루도록 하겠습니다.

이후 더욱 먼 천체들까지의 거리를 측정하는 방법이 발전하면서 더 많은 외부 은하가 발견되었습니다. 우리은하와 안드로메다은하 역시 수십 개의 은하로 이루어진 모임의 일원이었습니다.

이 은하들의 모임을 '국부은하군The Local Group'이라고 부릅니다. 국부은하군도 절대 우주의 중심이 아니었습니다. 먼 우주에서 수백, 수천 개 은하로 구성된 모임도 많이 발견되었으니까요. 게다가 최근에는 관측 장비의 눈부신 발달로 수천억 개의 은하들이 모여 우주 공간을 거미줄처럼 이어놓은 모습이 관측되기도 하였습니다.

이쯤 되면 지구를 우주의 중심이라고 생각했던 인간의 오만함에 코웃음을 치며 비웃어주고 싶어지지 않나요? 천문학이 발전하면서 우리는 비로소 우물 안 개구리에서 벗어나 더 넓은 세상을 볼 수 있게 되었습니다. 거대한 우주에 비하면 우리는 먼지만도 못한 작은 존재인 셈이지요. 그래서 스스로가 초라하다고 느낄 때도 있습니다. 하지만 거꾸로 생각하면 그렇게 먼지보다 작은 존재가 광활한 우주에서 우리가 누군지를 찾아가는 과정이 놀랍기도 하지요. 천문학자들은 그렇게 오늘도 계속해서 우리의 뿌리를 찾아가고 있습니다.

우리는 왜 천문학을
공부하는가

하도 많이 들어서 지겨운 '별 보세요?'

대학생 시절에는 교양 수업이나 동아리, 소모임 등에서 다양한 전공의 학생들을 만날 기회가 많았습니다. 새로운 사람들을 만날 때마다 전공이 천문학이라고 소개하면 거의 항상 듣게 되는 말이 있었지요. "우와, 천문학이요? 그럼 밤마다 별 보세요?" 이건 보통 처음으로 나오는 반응이고, 세트 메뉴처럼 따라다니는 질문들도 있었습니다. "외계인이 있다고 믿으시나요?", "우주에 끝이 있어요? 얼마나 커요?", "망원경은 얼마나 들여다보세요?", "오늘 밤에도 관측하러 가시나요?"

그런 말을 들을 때마다 저는 천문학은 별이나 외계인 말고도 성운, 성단, 은하, 그리고 우주 공간 그 자체 등 굉장히 넓은 영역을 다룬다고 대답합니다. 그리고 연구하는 방법도 꼭 망원경에 눈을 대고 보는 것보다 훨씬 더 다양하므로 요즘은 천문학자들이 관측 기기보다 컴퓨터 화면을 훨씬 더 오래 들여다본다는 이야기까지 덧붙이지요. 그렇게 힘겨운(?) 자기소개를 마치고 나서 다른 사람에게 또 같은 질문을 들으면 기운이 좀 빠지기도 했습니다. 심지어 천문학에서 별자리로 점을 보기도 하느냐는 어이없는 질문을 들은 적도 있지요.

하긴, 심리학과를 다니는 사람이 "지금 내 마음을 맞혀봐"라는 질문을 받는다든가 조선해양공학을 전공하는 사람이 "그럼 너 배 만들 수 있어?"와 같은 허무맹랑한 질문을 받는 걸 보면 비단 천문학과만 그런 것은 아닌 것 같습니다. 자신이 전공하지 않는 학문에서 구체적으로 무엇을 연구하는지 잘 알지 못하는 건 당연하지요. 하지만 같은 자연과학 계열 전공자들 사이에서도 천문학 전공이라고 하면 거의 예외 없이 별 보냐는 말이 나오곤 하니 정말 묘한 느낌을 받은 적이 많습니다. 모든 학문 분야 사이에는 어쩔 수 없는 벽이 있지만 천문학을 둘러싼 벽은 다른 학문보다 훨씬 더 높게 느껴진다고나 할까요. 천문학은 어쩔 수 없이 일상생활과 많이 동떨어진 느낌을 줍니다. 수천만 광년 떨어진 은하에서 별이 많이 생기는지 적게 생기는지는 우리의 일상과는 아무런 연관이 없게 느껴지니까요. 천문학은 그만큼 신비감을 풍기는 학문입니다.

왜 천문학이라고 하면 유독 "별 보세요?"라는 물음이 그렇게 많이 나올까요? 어쩌면 우주라는 공간이 너무나 거대하고 탐구할 게 많아서 천문학자들이 연구하는 분야가 대중들에게는 크게 와닿지 않는 게 아닐까 싶습니다. 가장 먼저 쉽게 접하는 우주 관련 내용이 보통 별자리나 태양계 천체들이고, 그 너머의 더욱 광활한 우주 공간에는 사람들의 관심이 닿기 힘들겠지요. 무엇보다도 별과 행성들은 당장 밤에 맨눈으로도 보이니까요. 그래서 보통 천문 전시관이나 과학관에도 흔히 별과 태양계 위주로 전시하고 있기도 합니다.

제가 유년 시절을 보냈던 곳은 우리나라에서 가장 큰 광학 망원경이 있는 지역이었습니다. 만 원짜리 지폐 뒷면에도 그려져 있는 경상북도 영천의 보현산 천문대 1.8m 망원경이지요. 천문대에서 공개 행사를 열 때마다 전국 각지에서 많은 사람이 몰려왔던 기억이 납니다. 그렇게 많은 사람이 와서 보는 천문대 전시관에는 주로 태양계 천체들에 대한 설명과 별자리, 그리고 다른 천문대에서 촬영한 성운과 은하 사진들이 몇 개만 걸려 있었지요. 몇 년이 지나고 보현산 밑자락에 따로 천문 과학관이 생겼지만, 전시 내용은 크게 다르지 않았습니다. 실내에 앉아서 별자리를 볼 수 있는 천체 투영관(플라네타륨)이 하나 더 생겼을 뿐이었지요. 저는 고향인 영천에 자주 들렀기에 그런 전시 내용에 익숙했습니다.

그로부터 몇 년 후, 천문학도가 된 저는 영국의 그리니치 천문대 전시관을 방문하게 되었습니다. 이곳 역시 대중의 흥미를 끌기 좋은 태양계와 별자리 소개 정도로 끝날 거라 예상했는데 전시 내용이 너무 풍부해서 놀랐습니다. 태양계 너머 광활한 우주, 은하들, 빛을 이용해 은하를 연구하는 방법들, 은하가 모여 있는 은하단, 정체를 알 수 없는 암흑물질과 암흑 에너지 등 태양계와 별의 규모를 아득히 뛰어넘는 다양한 내용을 다루고 있었습니다. 게다가 전시 내용 앞에 서면 자동으로 설명이 흘러나오고 영상이 움직이는 등 전시 기술 자체도 뛰어났지요. 우리나라 보현산 천문대는 지금도 활발히 관측을 수행하고 있는 천문대인 반면, 그리니치 천문대는 지금은 관측을 전혀 하지 않는 옛날 천문대 유적과 다름없는 곳이었는데도 전시 내용의 깊이는 훨씬 더 다양했습니다.

물론 17세기에 런던 근교에 지어져 영국 천문학의 중심지가 되었던 유서 깊은 천문대와 1990년대에 와서야 우리나라 시골에 지어진 천문대를 단순 비교할 수는 없을 겁니다. 더구나 우리나라와 외국의 천문학 수준을 비교해 폄하하고 싶은 생각은 전혀 없습니다. 천문학에는 국경이 없을뿐더러, 우리나라 천문학자 선배님들도 세계무대에서 매우 활발히 연구하며 천문학의 발전을 이끌고 있으니까요. 하지만 천문학 연구가 활발한 것과는 별개로, 태양계 너머의 더 멋진 우주에 대해 사람들에게 소개할만한 창구는 충분하지 못했던 게 아닐까 하는 아쉬움이 드는 것도 사실입니다.

천문학 전공이라고 하면 별 보냐는 얘기부터 나오는 현실이 제가 접했던 천문 전시관의 아쉬운 모습과도 관련이 있는 듯합니다. 다행스럽게도 요즘은 여러 연구 기관과 대학교, 또는 관련 재단에서 웹사이트, 동영상 강좌, 라이브 방송 등으로 사람들에게 다가가기 위해 많은 노력을 기울이고 있지요. 그래도 가끔 "별 보세요?"라는 이 말 한마디를 들을 때면 천문학이 참 외롭게 느껴집니다. 어쩌면 그게 천문학을 좀 더 알리고 싶은 동기가 되었는지도 모르겠습니다.

천문학, 하늘의 시를 읽는 일

저는 천문학을 공부하는 대학원생으로서 천문학에 대한 회의를 느낄 때도 많았습니다. 천문학은 우주를 보면서 인간의 근원을 탐구하는 심오하고 멋진 학문이지만, 오히려 그런 심오함 때문에 일상생활과는 관련이 없어 보였기 때문이지요. 자연과학 계열과 공학계열 학문 분야들의 발전은 우리의 일상을 더 편리하고 풍요롭게 만듭니다. 물리학과 기계 공학이 바탕이 되어 우리가 이용하는 여러 기계와 교통 · 통신 수단이 만들어지고, 생명과학이 바탕이 되어 의료 기술이 발전하며, 화학과 재료 공학 등이 바탕이 되어 우리가 일상에서 쓰는 화장품, 세제, 약품 등에 쓰입니다. 물론 이들 분야도 역시 우리의 근원적인 질문에 답하려 애쓰는 학문이지만, 실생활에 물질적으로도 많은 도움을 주고 있지요. 반면 수천만 광년 떨어진 은하의 한구석 동네에서 별과 성단에 무슨 일이 일어나는지, 수억 광년 거리에 있는 블랙홀이 얼마나 무거운지, 우주가 얼마나 빠르게 팽창하고 있는지는 우리의 일상과는 너무나도 거리가 멀어 보입니다.

게다가 천문학이 발전하려면 많은 투자가 필요하지요. 천문학의 모든 연구는 우주를 관측하는 일에서 시작됩니다. 그 과정의 모든 시뮬레이션, 가설, 예측 등은 관측을 통해 검증되어야만 합니다. 하지만 천문학 연구에 필요한 관측 장비들을 건설하기 위해서는 긴 시간과 막대한 돈, 노동력이 필요합니다. 현재 칠레 아타카마 사막에 건설되고 있는 거대 마젤란 망원경은 2020년대의 천문학을 이끌 중요한 관측 장비입니다. 거대 마젤란 망원경은 일곱 개의 거울로 이루어질 예정인데, 거울 하나를 만드는 데도 수년이 걸리고 엄청난 비용이 들어갑니다. 이런 기기들과 관측 프로젝트들이 곳곳에서 계획되고 진행되다 보니, 천문학의 발전과 사회의 이해관계가 부딪히는 사례들이 생겨나지요. 예를 들면, 일상과 관련도 없는 그런 관측 기기에 막대한 돈을 투자하느니 차라리 복지 예산을 늘려서 어려운 사람들을 도와주는 것이 더 낫다고 주장할 수 있습니다. 천문학이 모든 사람에게 반가운 학문은 아닌 셈이지요.

하와이는 세계적인 휴양지로도 많이 알려졌지만, 천문학자들에게도 아주 중요한 곳입니다. 하와이에서 가장 높은 마우나케아산Mauna Kea 정상에 천체망원경들이 몰려 있기 때문이지요. 일본의 스바루 망원경, 캐나다-프랑스-하와이 망원경, 제미니 북부 망원경, 켁 망원경, 그리고 여러 전파망원경까지 우주를 탐구하는 관측천문학자들에게 수많은 자료를 보내주는 망원경들이 매일 밤하늘을 관측하고 있습니다. 하지만 하와이 원주민들은 이렇게 중요한 천문대를 그다지 반기지 않았습니다. 실제로 연구실 선배 중 한 분은 하와이로 관측을 하러 갔을 때 어디 가서 천문학자라고 얘기하고 다니기도 힘들 정도로 살벌한 분위기였다고도 했습니다. 멀쩡한 산에 천체 망원경과 천문대를 지어 자연환경이 파괴되는 것도 문제였지만, 하와이 원주민들에게는 마우나케아산이 그냥 산이 아닌 성스러운 상징이기도 했으니 천문학자들이 탐탁지 않았겠지요. 하지만 천문학자들에겐 마우나케아산 정상이 천체를 관측하기에 더없이 좋은 장소였습니다. 높은 산일수록 대기가 희박하고 날씨의 영향이 적어 낮은 곳보다 더 흔들림 없는 깨끗한 관측 이미지를 얻을 수 있기 때문입니다. 그래서 마우나케아산은 앞으로도 천체 망원경이 더 지어질 예정이었지요.

이러한 각자의 견해차는 30m 망원경Thirty meter telescope 건설문제로 크게 번졌습니다. 30m 망원경은 이름 그대로 거울의 지름이 30m인 망원경으로, 건설 중인 지상 광학 망원경 중에서도 가장 큰 편입니다. 현재 관측을 수행 중인 지상 광학 망원경 중에 가장 큰 망원경의 지름이 10m 정도임을 떠올려 보면, 30m 망원경은 미래의 천문학을 이끌 아주 중요한 망원경이지요. 이 망원경은 2010년경부터 하와이 마우나케아산에 건설 허가를 받아 지어지기 시작하였습니다. 주로 미국과 캐나다의 연구 기관들이 추진하는 30m 망원경은 유럽 국가들이 추진하는 40m 초대형 망원경 Extremely large telescope과 경쟁 관계에 있기도 하기 때문에 빨리 건설을 추진하게 된 것입니다. 하지만 하와이 원주민들의 반대에 부딪혔지요. 주민들은 망원경 건설 장비가 지나가는 길을 막고 반대 시위를 펼쳤습니다. 주민들의 격렬한 반대에 30m 망원경 프로젝트는 건설이 중단될 수밖에 없었습니다. 그렇게 논의와 협상을 거듭하면서 갈등은 계속되었고, 2018년 10월 하와이 대법원이 망원경 건설 재개를 승인한 후에도 문제는 이어지고 있습니다. 그 탓에 완공 예정일은 점점 늦춰져서 이제는 2020년대 후반이나 되어야 30m 망원경의 모습을 볼 수 있을 듯합니다.

관측천문학자들로서는 참으로 답답할 노릇이지요. 천문학 연구의 혁명적인 발전을 가져올 망원경 건설이 계속 차질을 빚고 있으니까요. 하지만 그렇다고 해서 망원경 건설을 반대하는 하와이 원주민들을 무조건 비과학적이고 이기적인 사람들이라고 비난할 수 있을까요? 마우나케아산뿐만 아니라 천체 망원경을 짓는 곳이라면 어디든 환경 문제, 정서 문제 등 현지인과의 갈등이 일어날 수 있습니다. 환경 파괴는 물론이거니와 건설 장소가 현지인들에게 큰 의미를 지닌 곳이라면 더욱 문제가 커지겠지요. 또한 거대한 관측 장비를 짓고 유지하는 데에는 굉장히 큰돈이 들어가는데, 당연히 그 돈은 시민들의 세금에서 나옵니다. 막대한 세금을 들여 만들면서 천문학자들의 호기심만 채우고 실질적으로 일상에 도움을 주는 일은 거의 없어 보이니, '천문학이 과연 필요한가?'라는 목소리가 나오기도 합니다.

어찌 보면 이는 천문학의 그늘이라고도 할 수 있겠습니다. 천문학의 발전을 위해 모든 것을 희생할 수는 없을 겁니다. 우주를 연구하는 일이 공익을 해쳐서는 안 되겠지요. 필요 이상으로 환경을 파괴해서도 안 되고, 과도한 비용을 쓰면서 평범한 사람들을 더 고생스럽게 만들어서도 안 됩니다. 그렇게 되면 천문학 연구는 우리의 근원을 찾아가는 근사한 일이 아니라 그냥 탐욕일 뿐이겠지요. 이런 사례들을 하나둘 접할 때마다 천문학자들이 천문학 연구만 파고들 것이 아니라 이런 사회 문제에도 깊이 관심을 가지고 다른 사람들의 이야기를 들어야겠다는 생각이 듭니다. 연구 결과를 논문으로 출판하거나 학회에서 발표하는 일도 중요하지만, 그 결과를 대중에게 돌려준다는 마음가짐 또한 중요한 것이지요. 천문학이 우주를 품은 학문이라고 이야기하면서 주변의 이웃 한 사람마저 품지 못해서는 안 되니까요. 이것이 천문학과 대중의 심리적 장벽을 낮춰야 하는 이유라고 생각합니다.

그런데 만약 정말로 누군가가 천문학은 우리가 당장 먹고사는 데 필요 없으니 더 이상의 관측과 연구를 금지하고 천문학자들을 모두 실업자로 만들어버리면 천문학은 과연 사라질까요? 처음에 얘기했듯이 천문학의 본질은 결국 호기심입니다. 그리고 인간에게 호기심은 본능이지요. 우주는 꼬리에 꼬리를 무는 끝없는 호기심의 바다와도 같은 곳입니다. 그러니 문자가 없었던 시대에도 인류는 동굴 벽화에 밤하늘과 별자리를 그려서 남겼겠지요. 그 정도로 우리는 우주에 대한 호기심과 함께 살아왔습니다.

일상생활에 직접 도움을 주지 못하는 것처럼 보여도 우리는 천문학으로부터 많은 것을 얻고 있습니다. 우주를 연구하면서 우리가 세상의 중심이 아니라는 사실을 알게 되었고, 밤하늘에 펼쳐진 광활한 우주가 우리와 무관하지 않다는 것도 깨달았지요. 그리고 이제는 상상도 가지 않을 정도의 먼 거리에 있는 천체와 현상에 대해서도 호기심을 품고 있습니다. 그 호기심을 풀어나가는 과정에서 카메라의 전하결합소자CCD나 내비게이션의 글로벌 포지셔닝 시스템GPS 기술, 그리고 일상에 쓰이는 여러 전파천문학 기술이 발전하기도 했습니다. 그러니 천문학 발전이 사람들의 생활에 기술적인 도움을 전혀 주지 못하는 것도 아닌 셈입니다.

저는 천문학 연구를 시를 읽는 일에 빗대고 싶습니다. 마침 '천문학'의 한자 뜻풀이에도 딱 맞네요. 시 읽기나 쓰기도 일상에도 물질적인 도움을 주지는 못하지만, 사람들은 수많은 감정과 생각을 아름답게 정제된 언어로 표현하려는 본능이 있으므로 시를 즐깁니다. 다만 시를 직접 쓰려면 상당한 글솜씨가 필요하니 그 일은 시인들이 대신하고 사람들은 시인이 쓴 시를 읽고 감상을 나누는 것이지요. 우리는 시를 읽으면서 쳇바퀴 같은 삶을 다시 한 번 돌아보고 잠깐이나마 여유를 가집니다.

마찬가지로 우주를 연구하려면 많은 배경지식과 기술이 필요하므로 그 일은 천문학자들이 대신하여 답을 찾으려 노력합니다. 그리고 호기심 많은 사람들에게 우주에서 보내온 이야기보따리를 풀어놓곤 하지요. 우리가 언어의 운율에 맞춰 완성한 시를 읽듯이, 천문학자들은 우주의 운율에 맞추어 움직이는 천체들과 현상들을 읽어내는 것이 아닐까요? 언젠가 천문학이 단순히 별 보는 학문이나 점성술이라는 오해에서 벗어나서 사람들의 호기심에 더 다가설 수 있다면 좋겠습니다. 우주 이야기도 마치 한 편의 시처럼 삶에 하나의 쉼표를 찍어주는 날이 오리라 기대해 봅니다.

2장

지구와 태양계는
어떻게 생명을 품었을까

지구는 기막힌
우연이다

살아 있는 지구

우주 이야기의 시작은 우리가 땅을 딛고 서 있는 바로 이곳, 지구입니다. 우리가 우주를 보는 이유는 결국 자기 자신을 더 잘 이해하고 우리가 존재하는 의미를 찾기 위해서라고 할 수 있습니다. 그렇기 때문에 지구가 어떤 과정을 거쳐서 만들어졌고 그 위에서 어떻게 생명의 씨앗이 움틀 수 있었는지, 더 나아가서 지구가 속해 있는 태양계는 과연 어떤 곳인지는 우리의 호기심이 가장 먼저 머물 수밖에 없지요.

2006년 영국의 공영방송 BBC는 〈살아 있는 지구Planet Earth〉라는 11부작 다큐멘터리를 방영했습니다. 저도 중학생 때 과학 시간에 선생님이 가끔 틀어주시던 이 다큐멘터리를 신기한 눈으로 보았던 기억이 있습니다. 산, 바다, 강, 사막, 밀림, 초원, 극지방 등 지구의 여러 지역에서 살아가는 생물들을 자세히 관찰하여 보여주는 유익한 프로그램이었지요. 우리가 평생을 사는 지구이지만 다큐멘터리가 보여주는 생소한 자연 그대로의 모습은 정말 아름다웠습니다. 해저 화산이나 황산 동굴처럼 햇빛 한 줄기 비치지 않는 척박한 환경에서도 어떻게든 살아가는 지구의 생물들을 보면 참 신기하다는 말로는 모자랄 정도로 경이로웠지요.

지구는 우리의 눈에 보이지 않는 곳에도 많은 생명을 품고 있고, 그 생명들은 진화를 거듭하면서 놀랄 만큼 지구 환경에 맞게 잘 적응해 왔습니다. 지구는 정말 축복받은 생명의 행성이지요. 우리는 지구가 인류의 것이라고 쉽게 생각하지만, 우리 역시도 지구에 발을 딛고 서 있는 수많은 생물 중 한 종일 뿐입니다. 우리가 살기 전에도 지구에는 상상할 수 없는 긴 역사가 있었습니다. 인류는 그 긴 세월 동안 기막힌 우연이 겹쳐 겨우 존재할 수 있게 된, 한없이 미약한 존재이지요.

2017년 모 부처의 장관 후보자가 인사청문회에서 했던 말이 도마 위에 올랐던 적이 있습니다. 지구의 나이가 6,000년이라는 사실을 신앙적으로 믿는다고 말해 많은 사람들의 비판을 받았지요. 물론 신앙의 자유는 보장받아야 마땅하지만, 이는 자유의 개념을 완전히 오용한 사례라고 할 수 있습니다. 지구의 나이는 인간이 신앙의 자유라는 이름으로 믿고 말고 할 대상이 아니라, 우리가 과학이라는 도구를 이용해 들여다보아야 할 지구의 발자취이기 때문입니다. 정말 지구를 '살아 있는' 행성으로 생각했다면 그런 말은 나올 수가 없습니다. 우리 또한 지구의 긴 역사 속에서 잠시 머물다 가는 손님에 불과하니까요.

생명이 자라날 명당자리, 거주 가능한 구역

긴 시간 동안 지구에는 여러 차례의 기적이 일어났습니다. 약 50억 년 전 태양계는 이제 막 탄생한 어린 천체들의 모임이었습니다. 중심에서 활활 타면서 빛나는 태양은 아직 어린 별이었고, 태양의 중력에 끌려온 먼지와 조그마한 암석, 얼음덩어리들이 태양의 주변을 돌고 있었습니다. 태양계 초기에는 이 덩어리의 수가 엄청나게 많았겠지요. 이 미세한 덩어리들을 '미행성微行星'이라고 부릅니다. 우리가 서 있는 지구, 그리고 밤하늘에 보이는 달, 금성, 화성, 그리고 여러 소행성은 모두 미행성에서 탄생하였습니다.

시간이 지나면서 이 미행성들은 합쳐지기 시작했습니다. 서로 끌어당기는 중력 때문이지요. 이렇게 중력으로 인해 작은 덩어리들이 뭉쳐져 큰 덩어리가 되고, 결과적으로 어떤 큰 천체나 구조가 만들어지는 일은 우주에서 매우 흔합니다. 작은 레고 블록들이 합쳐져 멋진 로봇이 만들어지듯이, 우주에서는 미행성, 우주 먼지, 심지어 거대한 은하를 구성하는 별들도 이런 레고 블록 같은 역할을 합니다. 천문학에서는 이렇게 규모가 큰 천체를 이루는 조그만 구성 요소들을 일컫는 말로 '빌딩 블록building block'이라는 표현을 쓰곤 합니다.

지구 역시 수많은 빌딩 블록인 미행성들이 중력으로 뭉쳐져서 만들어졌습니다. 하지만 지구가 태양계 아무 데서나 그냥 만들어졌다면 기적의 행성이 아니겠지요. 수많은 미행성이 합쳐지고 궤도가 여러 번 바뀌면서 지구는 태양계의 '거주 가능한 구역habitable zone'에 자리 잡을 수 있었습니다. 이게 첫 번째 기적입니다.

거주 가능한 구역이란 태양계에서 액체 상태의 물이 지속해서 존재할 수 있는 구역을 의미합니다. 다른 말로 '골디락스 존goldilocks zone'이라고도 하지요. 이 구역은 천체와 태양 사이의 거리에 따라 결정됩니다. 만약 어떤 행성이 태양과 너무 가깝다면, 낮에는 수백 도까지 올라가고 밤에는 영하 수백 도까지 떨어지니 액체 상태의 물이 존재하기 힘듭니다. 해가 비칠 땐 모든 물 분자가 수증기가 되어버리고, 밤이면 꽁꽁 얼어붙겠지요. 대표적인 예로 수성을 들 수 있습니다. 반대로 어떤 행성이 태양과 너무 멀다면 온도가 낮으니 물이 항상 얼음 상태로만 존재하겠지요. 천왕성이나 해왕성은 표면 온도가 영하 200도 이하로 내려갑니다. 물이 있다고 해도 표면에서는 절대로 액체 상태일 수가 없습니다.

그러니 물이 액체 상태로 존재하기 위해서는 천체가 태양과 적당한 거리를 유지해야만 합니다. 그 적당한 범위를 거주 가능한 구역이라 부릅니다. 태양계에서는 금성, 지구, 화성 정도의 행성들이 거주 가능한 구역에 자리 잡고 있습니다. 그나마도 금성과 화성은 거주 가능한 구역의 가장자리에 있어서, 그 사이에 있는 지구가 가장 적당한 온도를 지닌 행성입니다. 덕분에 지구는 표면의 70%가 항상 액체 상태의 물로 덮여 있는 푸른 행성이 될 수 있었습니다.

액체 상태의 물이 중요한 이유는 물의 큰 비열 때문입니다. 비열이란 물질의 온도를 높이는 데 필요한 열에너지의 양을 뜻합니다. 비열이 큰 물질이라면 온도를 1도 올리기 위해서 열을 많이 가해야 합니다. 반대로 비열이 작은 물질이라면 같은 온도를 올리는 데 상대적으로 적은 열이 필요하지요. 액체 상태의 물은 대표적으로 비열이 큰 물질입니다. 반면 철, 구리, 금과 같은 금속은 비열이 매우 작은 물질들입니다. 가스레인지로 양은 냄비를 100도까지 데우는 데는 단 몇 초면 충분하지만, 거기에 라면을 끓여 먹기 위해서는 5분씩이나 필요한 이유가 여기에 있습니다.

이렇게 비열이 큰 물이 표면의 70%를 덮고 있다면 지구의 표면 온도도 크게 변하지 않습니다. 물론 지구도 계절에 따라 푹푹 찌는 더위와 살을 에는 추위가 있지만, 낮이면 400도까지 올라갔다가 밤이면 영하 150도로 떨어지는 수성 표면보다는 훨씬 생명이 살기 좋은 조건이지요. 즉, 어떤 행성에 바다가 존재한다면 그

행성에는 정말로 생명이 살고 있을 확률이 높습니다. 액체 상태의 물이 존재할 만큼 따뜻하고, 비열이 큰 바다가 있으니 온도가 안정적으로 유지되기 때문이지요. 그래서 거주 가능한 구역은 우리가 태양계 또는 태양계 밖의 행성을 볼 때도 생명이 살 수 있는지를 판단하는 중요한 기준이 됩니다. 어떤 행성이 일단 거주 가능한 구역 밖에 있다면, 거기에는 생명체가 존재할 가능성이 거의 없다고 봐도 무방하겠지요.

하지만 집을 지을 명당자리를 찾았어도 막상 돈이 없거나, 재료가 부족하거나, 기술이 뒤떨어진다면 거기에 집 짓고 살기가 어렵겠지요. 마찬가지로 어떤 행성이 거주 가능한 구역에 있다고 해서 반드시 생명이 자라나는 것은 아닙니다. 생명의 행성이 되기 위해서는 몇 가지 조건이 더 필요합니다.

생명을 탄생시킨 바다와 대기

거꾸로 이렇게 질문해 볼 수 있습니다. 금성과 화성도 넓게 보자면 태양계의 거주 가능한 구역 안에 있는데 왜 아직 우리는 거기서 생명의 흔적조차 찾기 힘들까요? 거주 가능한 구역에 있더라도 물이 존재할 수 있는 여건 중에 하나만 맞춰졌지 정작 중요한 물은 없거나 부족할 수 있기 때문입니다.

흔히 알고 있듯이 물 분자H_2O는 수소 원자 두 개와 산소 원자

하나로 이루어집니다. 수소는 가장 가벼운 원소이며 우주에 가장 많이 존재하는 원소이지요. 산소 원자도 별에서 흔하게 만들어집니다. 따라서 이 두 원소가 결합한 물 분자는 우주 전체에서도 생각보다 흔하게 존재합니다. 초기의 태양계도 마찬가지였습니다. 원시 태양계의 수많은 미행성도 물 분자를 품고 있었습니다. 그런 미행성들이 뭉치면서 지구가 생겨났기 때문에 원시 지구에도 물이 많이 존재했지요. 아마 생성 초기의 금성이나 화성도 마찬가지였을 겁니다.

하지만 문제는 그 많은 물이 다시 우주로 날아가 버리는 경우가 대부분이라는 점입니다. 행성에서 물 분자들을 액체 상태인 '바다'로 잡아두려면 어느 정도 이상의 큰 중력이 필요합니다. 천체의 크기가 일정 이상 되야 한다는 뜻이지요. 그렇지 않으면 중력이 약해서 물 분자가 우주로 날아가 버리기 쉽습니다. 그래서 거주 가능한 구역에 있다 하더라도 지구 크기의 수십, 수백 분의 일밖에 되지 않는 작은 소행성들은 바다를 지니기 힘듭니다.

물이 우주로 증발하지 않기 위해서는 일정 수준의 대기도 필요합니다. 흔히 물이 끓어 증발하는 온도를 섭씨 100도로 알고 있지만, 그것은 1기압(우리가 일상적으로 느끼는 대기압)일 때의 이야기입니다. 기압이 낮아지면 물 분자의 운동이 좀 더 자유로워져서 낮은 온도에서도 증발하기가 쉽습니다. 대기가 눌러주던 압력이 약해지니 그만큼 액체 상태에서 대기로 날아가 버리는 거지요.

화성에 바다가 존재하기 힘든 이유 중의 하나가 바로 기압입니다. 지구 기압의 약 160분의 1밖에 되지 않는 낮은 기압을 지닌 화성은 대기가 매우 희박합니다. 이런 곳에서는 표면에 바다가 있었더라도 금세 많은 양이 증발해 버리지요. 증발한 물이 수증기가 되어 구름을 만들어서 다시 비로 표면에 쏟아지는 순환이 일어난다면 참 좋을 텐데 아쉽게도 화성은 그런 작용조차 일어나지 못할 만큼 기압이 낮았습니다. 먼 과거에는 화성에 대기도 많았고 물도 풍부했을지 모른다고 하지만, 화성은 오랜 시간에 걸쳐서 대기를 잃어왔기 때문에 지금은 황량해 보입니다.

금성은 반대로 지구 기압의 약 90배나 되는 높은 기압을 지니고 있습니다. 엄청나게 두껍고 짙은 대기가 금성을 감싸고 있는 것이지요. 그래서 화성처럼 물이 날아가 버리지는 않지만, 이번에는 또 다른 문제가 생깁니다. 지나치게 두꺼운 대기가 금성의 표면 온도 자체를 높여버려서 물이 액체 상태로 존재할 수가 없게 된 것이지요.

물을 잡아두기 위한 적당한 중력과 적당한 양의 대기가 모두 잘 갖춰진 지구에서는 약 40억 년 전쯤에 큰 바다가 형성되었습니다. 지구에서 바다의 존재는 생명이 살 수 있는 대기를 만드는 데도 큰 도움이 되었습니다. 초기 지구의 대기는 화산 폭발 등으로 생긴 이산화탄소가 많아 생명체가 살기 힘들었지만, 바다가 많은 양의 이산화탄소를 녹이면서 대기 중 이산화탄소량은 점차 줄어들게 되었지요.

최초의 생명체가 나타난 것도 이즈음입니다. 과학자들은 햇빛을 받아 광합성을 하면서 양분을 얻는 박테리아가 지구 최초의 생물이라고 추정하고 있습니다. 이 박테리아들은 이산화탄소와 햇빛을 통해 광합성을 하고 산소를 뱉어냈습니다. 이산화탄소와 달리 산소는 바닷물에 잘 녹지 않습니다. 그래서 박테리아가 뿜어낸 산소는 공기 방울로 물속에서 올라와 지구 대기로 유입되었습니다. 지구 대기에 이산화탄소는 줄어들고 산소가 점점 늘어나기 시작했지요. 그리고 그 산소는 우리가 알다시피 호흡에 꼭 필요한 기체입니다. 그렇게 점점 산소가 풍부한 대기가 만들어졌습니다.

바다의 형성과 대기는 서로 뗄 수 없는 관계에 있습니다. 바다가 대기에 영향을 미치고, 또 대기가 바다에 영향을 미치는 구조이지요. 여러모로 지구는 다른 행성들보다 바다와 대기의 순환이 일어나기 쉬운 곳이었습니다. 이제 지구는 생명을 품기에 매우 안정적이고 균형 잡힌 환경을 지닌 행성이 된 것입니다. 하지만 이 순환이란 생각보다 깨지기 쉬운 것이어서, 조그마한 환경의 변화도 이 순환 체계를 뒤흔들 수 있습니다. 금성과 화성은 지금 그렇게 균형이 깨져버린 행성으로 남게 된 것입니다. 그리고 최근 지구도 매 계절 이상 기후 현상을 보이면서 그 균형이 위태롭다는 사실을 알려주고 있지요.

훌륭한 지구 보호막, 오존층

바다와 대기의 형성으로 지구는 이제 좀 살만한 행성이 되었습니다. 하지만 이때까지도 생명체는 바닷속에서만 살 수 있었지요. 물속으로 희미하게나마 들어오는 햇빛으로 광합성을 하며 살아가는 바다 생물들은 아직 육지로 올라올 수는 없었습니다. 바로 강한 태양 빛 때문이었습니다. 당시 지구는 태양에서 오는 자외선, 엑스선, 감마선과 같은 고에너지의 빛에 무방비 상태였습니다. 이런 고에너지의 빛은 세포 안의 DNA 구조를 망가뜨리기 때문에 생명체에게 해롭습니다.

오늘날도 마찬가지입니다. 자외선이 심한 날에는 외출을 자제하라는 주의보가 내려지기도 하지요. 이때 선크림도 안 바르고 나가면 피부암에 걸릴 가능성이 커집니다. 자외선이 피부 세포를 파괴하기 때문이지요. 자외선보다 에너지가 더 높은 빛을 오래 쬐면 심하면 수일 안에 사망할 수도 있습니다. 좀 극단적인 예를 들자면 원자력 발전소에서 사고로 누출된 고에너지 방사선을 많이 받으면 목숨이 위험해지기도 합니다. 실제로 다큐멘터리 〈체르노빌〉에서 묘사된 것처럼 1986년 소련의 체르노빌 원자력 발전소 폭발 사고 당시 많은 사람이 그렇게 목숨을 잃었지요. 이후로 원자력 발전소는 아주 철저한 안전 관리를 원칙으로 하고 있습니다.

수십억 년 전 지구에는 엄청난 양의 고에너지 방사선이 태양에서 날아오고 있었습니다. 그때나 지금이나 엄청난 방사선이 지구로 들어오는 건 변함이 없습니다. 달라진 것은 지구이지요. 현재 지구는 '오존층'과 '지구 자기장'이라는 이중 보호막 덕분에 육지에서도 생명 활동에 지장이 크지는 않습니다.

'오존O_3'은 산소 원자가 3개 결합한 물질입니다. 광합성을 하는 생물들이 내뿜은 산소 덕분에 지구 대기에 산소의 비중이 커지자, 일부 산소 분자(산소 원자 2개)는 자외선을 받아 산소 원자 2개로 분해되기 시작합니다. 이때 분해된 산소 원자들은 다른 산소 분자를 만나 결합하여 산소 원자가 3개인 오존을 만들게 된 것이지요. 그래서 대기 중 산소 농도가 본격적으로 늘기 시작한 약 20억 년 전부터 지구 대기에는 엷은 오존층이 생겨났습니다.

이 오존층은 태양에서 자외선이 들어오면 그 에너지를 흡수하여 산소 원자 하나와 산소 분자 하나로 분해됩니다. 그리고 분해된 산소 원자들이 다시 결합하면서 오존을 만들었다가 자외선을 받고 또 나누어지면서 순환합니다. 즉, 생명체에 해로운 고에너지의 빛을 지구 대기의 오존층이 흡수하여 지표에 도달하는 것을 막아주는 것이지요. 오존층 덕분에 지구의 생명체들은 긴 시간 잠겨 있던 물속에서 빠져나올 수 있었습니다.

지금도 오존층은 태양 자외선으로부터 생명체를 지켜주는 보호막 역할을 하고 있습니다. 한때 스프레이나 냉장고 냉매 등에 사용되던 프레온 가스가 이 오존층을 심각하게 파괴하여 문제되었던 적이 있었습니다. 다행히 1980년대에 몬트리올 의정서 국제 협약으로 지금은 프레온 가스 사용이 금지되었습니다. 하지만 수시로 '오존 구멍'이 생겨나는 지금 현실에서 우리가 보호막인 오존층을 스스로 파괴하고 있지는 않은지 계속 살펴야겠지요.

자기장이 지구에 씌워준 우산

2003년 미국에서 개봉한 영화 〈코어〉에서는 어느 날 갑자기 자기장이 사라진 지구의 모습을 다룹니다. 자기장으로 길을 찾던 새들이 단체로 방향을 잃고 헤매고, 태양에서 고에너지의 입자들이 들어와 아주 강한 번개가 내리치고, 전파 통신 장비들은 죄다 쓸모없는 고철 덩어리가 되어버립니다. 물론 영화라서 어느 정도 과장된 면은 있습니다만, 지구 자기장의 역할과 중요성을 전달했다는 점에서 의미를 찾을 수 있습니다.

태양에서는 고에너지의 빛뿐 아니라 전기적인 성질을 띤 입자들도 날아옵니다. 태양에서 날아오는 입자들은 강한 태양에너지로 인해 원자핵(+양전하)과 전자(-음전하)가 분리되어 오기 때문에 전기적 성질을 지니고 있지요. 게다가 초속 수백 km로 총알보다도 빠른 속도로 날아오니 그 에너지는 매우 높습니다. 이렇게 태양에서 쏟아지는 입자들을 영화 〈코어〉에 나온 것처럼 무방비하게 직접 맞는다면 어떨까요? 자외선과 마찬가지로 위험한 건

두말할 필요가 없습니다.

자기장은 이러한 입자의 흐름을 바꿔줄 수 있습니다. 전하를 띤 입자에 자기장을 걸면 입자는 자기장에 수직인 방향으로 힘을 받아 이동하려는 성질이 있습니다. 이러한 힘은 우리가 일상에서도 많이 사용하고 있습니다. 예를 들면 선풍기 모터도 이와 같은 원리로 돌아가지요. 모터 안에는 자석처럼 N극과 S극이 들어가 있고, 그 사이에 전류가 흐르면 힘을 받아 회전하는 원리입니다. 지구 또한 하나의 거대한 자석처럼 자기장을 지니고 있습니다. 지구로 쏟아지는 입자들은 전하를 띠고 있으니, 지구 자기장에 걸리면 그에 수직인 방향으로 힘을 받겠지요. 한 마디로, 지구 자기장이 무시무시한 입자들의 방향을 바꾸어 줄 수 있는 것입니다.

아직 지구의 자기장이 어떻게 생성되었는지, 앞으로 어떻게 변할지는 지금도 자세히 알지 못합니다. 하지만 현재 과학자들은 지구 내부에 액체 금속으로 이루어진 외핵外核이 지구 자전에 따라 회전하면서 자기장을 만들어냈다는 '다이너모 이론'이 가장 가능성이 크다고 생각하고 있습니다. 다시 영화 이야기로 돌아가면, 영화 〈코어〉가 바로 그 다이너모 이론을 반영해 만들어진 작품입니다. 〈코어〉에서 지구 자기장을 다시 살리기 위해 지구 내부로 탐사를 떠난 대원들은 지구 외핵 근처에 도달해 폭탄을 터뜨려 외핵을 다시 회전시키려 합니다. 당연히 실제로는 그 정도 폭탄으로 지구 내부를 회전시킬 수 없겠지만, 다이너모 이론을 토대로 지구

자기장의 원리를 설명한 영화인 셈입니다.

지구는 오존층이나 자기장과 같은 최고의 자연 보호막과 우산이 있었기에 지금까지 생물이 번성하는 푸른 행성으로 남을 수 있었습니다. 단순히 액체 상태의 물이 존재하고, 산소로 가득 찬 대기만 존재한다고 우리가 살 수 있는 곳이 되지는 않았던 것이지요. 또한 오존층과 자기장이 잘 갖춰져 있다고 하더라도 궤도가 들쭉날쭉해서 온도 변화가 심했다거나, 혜성이나 소행성의 충돌 빈도가 너무 잦았다면 생명체가 살기는 어려웠을지도 모릅니다. 생명체가 존재하더라도 몇 차례 더 대멸종을 겪은 뒤 지금과는 매우 다른 모습으로 살고 있을 가능성이 크지요. 그런 의미에서 보면 지금처럼 우리가 땅을 딛고 살 수 있는 모든 조건이 갖춰진 지구는 그야말로 기적의 행성이자 기막힌 우연이라고 표현하고 싶습니다.

우리 존재가 한낱 연속된 우연의 산물이라면 조금은 허무해질지도 모르겠습니다. 태양이 원인 모를 변덕을 조금만 부려도, 영화 〈돈 룩 업Don't Look Up〉처럼 행성 사이를 떠돌던 커다란 돌덩이가 우연히 지구로 이끌려 들어오기만 해도 우리는 흔적도 없이 사라질 수 있는 운명입니다. 하지만 많은 학자가 지금까지 지구의 형성 과정과 역사를 연구하면서, 적어도 우리가 지구의 주인공이 아니라는 사실은 분명히 알고 있습니다. 아는 것은 곧 힘을 얻는 일이지요. 그 힘으로 인류가 지금 딛고 있는 땅의 가치를 더 잘 이해하고 보듬을 것이냐, 아니면 그대로 지구의 주인 행세를 하다 이 땅마저도 스스로 파괴할 것이냐는 우리의 선택입니다.

그래서 다큐멘터리 〈살아 있는 지구〉는 대양을 힘차게 가로지르는 고래의 모습을 보여주며 아래와 같은 말로 끝을 맺습니다.

"오늘날 고래의 미래는 물론, 살아 있는 지구 전체 생태계의 생존이 우리 손에 달려 있다. 이제 우리는 파괴할 수도, 고이 품어줄 수도 있다. 그 선택은 우리의 몫이리라."

지구와 한 지붕 아래 사는 태양계 식구들

태양계 전체의 주인 별, 태양

지구의 이웃 천체들은 모두 '태양계solar system'라는 모임에 속해 있습니다. 태양계는 태양을 중심으로 공전하며 도는 천체의 무리를 일컫는 말이지요. 이 모든 천체는 다양하고 개성 있지만, 태양에 절대적인 영향을 받는 점은 똑같습니다. 태양계 천체들은 지구의 이웃이자 태양이라는 한솥밥을 먹는 식구, 운명 공동체와도 같지요.

아마도 역사상 태양을 숭배하지 않았던 문명은 찾아보기 힘들 것 같습니다. 그리스·로마 신화의 아폴론, 헬리오스, 이집트 신화의 라, 힌두교 신화의 수리야 등 인류의 거의 모든 신화에서는 태양신의 이름이 존재합니다. 아마도 태양은 태양계의 중심으로서 지구를 포함한 태양계 전체에 매우 큰 영향을 주기 때문일 겁니다. 실제로 태양은 지구 반지름의 약 109배, 부피의 약 130만 배라는 상상할 수 없는 크기입니다. 지구 생명체 대부분은 햇빛으로 생체 리듬을 조절하고, 계절에 적응하여 살아갑니다. 태양에너지 덕분에 지구에는 액체 상태의 물이 흐르고 바다와 대기가 순환하며 균형을 유지하고 있지요. 지금도 태양은 신적인 존재 그 자체입니다.

천문학자들은 태양을 우주 모든 천체의 질량과 밝기의 기준으로 삼았습니다. 우리와 가장 가깝고 친숙한 별이기 때문이지요. 우리는 지금 이미 수십억 광년 너머의 우주도 볼 수 있지만 거기서 발견한 천체들의 질량과 밝기도 태양의 몇 배라는 식으로 표현합니다. 예를 들어, 오리온자리에서 가장 밝은 별 중 하나인 베텔게우스는 태양 밝기의 약 10만 배, 태양 질량의 약 10배라고 이야기하곤 합니다. 지구와 태양 사이의 거리 약 1억 5천만km는 '1 천문단위AU'로 명명되어 천문학에서 하나의 거리 단위로 쓰이기도 합니다. 태양은 우리가 우주를 보는 하나의 단위가 된 셈입니다.

태양이 지구 주변에서 가장 특별한 천체인 이유는 바로 태양이 '별'이기 때문입니다. 천문학에서 정확한 의미의 별은 스스로 빛을 내고 그 빛을 유지할 수 있는 천체를 뜻합니다. 반짝이며 밤하늘을 돌아다니는 행성들은 반사된 태양 빛 덕분에 밝게 보이는 것뿐이지요. 3장에서 더 자세히 이야기하겠지만, 천체가 스스로 빛을 낼 만큼의 에너지를 지니려면 최소한 목성의 10배 이상, 지구보다는 3만 배 이상 무거워야만 합니다. 그리고 태양은 이미 '태양계 2인자'인 목성보다 약 1,000배 가까이 더 무거우며, 엄청난 빛과 열을 뿜어내며 불타고 있습니다.

태양은 태양계 전체 크기의 수십 배에 달하는 커다란 기체와 먼짓덩어리에서 탄생했습니다. 태양뿐만 아니라 태양계 전체가 이 우주 먼지에서 기원하였습니다. 대부분이 수소와 헬륨으로 이루어진 이 덩어리는 스스로 중력으로 인해 점차 수축하였고, 많은 물질이 중심으로 뭉쳐서 태양이 만들어졌습니다. 또 일부 기체와 먼지들은 수축하여 행성 일부가 되거나, 그보다 더 작은 소행성, 혜성 등을 구성하였습니다. 원시 태양은 점차 중력으로 수축하면서 점점 뜨거워졌고, 그러면서 스스로 빛과 열을 내는 별이 되었습니다.

천문학자들이 특히 관심을 두고 있는 부분은 태양의 대기입니다. 태양에서 뿜어져 나오는 엄청난 빛과 열, 그리고 입자들은 모두 태양의 대기를 거쳐서 우리에게 전달되기 때문이지요. 특히 태양에서 나오는 고에너지 입자들의 흐름은 바람에 빗대어 '태양풍'이라고 부르기도 합니다. 가장 가까운 별인 태양은 항성에서 나오는 빛과 열, 태양풍 등을 연구하기에 안성맞춤이지요. 2018년 8월에는 태양 대기를 더 깊이 연구하기 위해 '파커 태양 탐사선

Parker Solar Probe'이 발사되기도 했습니다. 파커 태양 탐사선은 인류 역사상 태양에 가장 가까이 접근하여 태양의 대기를 매의 눈으로 들여다보고 있습니다.

지구에서도 맨눈으로 태양의 대기를 엿볼 수 있는 찰나의 순간이 있습니다. 달이 태양을 가리는 개기일식 때가 되면, 평소에 보이는 둥근 태양은 가려지지만 그 주변에서 연분홍색과 흰색을 띤 서대하고 황홀한 대기가 모습을 드러내지요. 마치 태양이 멋진 우주쇼를 장식하기 위해 숨겨둔 불꽃을 꺼내두는 것 같습니다. 당연히 개기일식이 일어나는 곳에는 사람들이 엄청나게 몰려들기 마련입니다. 2017년 미국에서 볼 수 있었던 개기일식 때처럼요. 아쉽게도 20세기 이후 우리나라에서는 아직 개기일식을 볼 기회가 없었습니다. 우리와 가장 가까운 별, 그 별이 보여주는 지구 최대의 우주쇼로 우주와 나의 존재가 이어지는 듯한 전율을 느껴볼 수 있는 날이 올까요? 천문학을 공부하는 사람으로서 언젠가 그런 느낌을 꼭 한 번 받아보고 싶습니다.

지구와 가장 가까운 이웃이자 위성, 달

가수 프롬의 '달의 뒤편으로 와요'라는 곡에는 우리와 가장 가까운 이웃인 달이 등장합니다. 현실에 부딪혀 상처받은 사람에게 달의 뒤편에 함께 숨어서 위로해 주겠다는 말을 건네지요. 달의 뒤편은 아무도 모르는 둘만의 쉼터 같은 곳입니다. 이런 묘사가 가능한 이유는 실제로 지구에서 달의 뒤편을 볼 수 없기 때문입니다. 매달 한 바퀴씩 지구를 공전하는 달이지만 달은 우리에게 같은 면만 보여줍니다. 이는 달의 공전 주기와 자전 주기가 같아서 생기는 현상으로, 실제로 우리는 달 탐사선을 따로 보내기 전까진 달의 뒤편을 본 적이 없었습니다.

달처럼 무거운 주변 모_母행성의 중력에 묶여서 그 행성을 중심으로 공전하는 천체를 '위성'이라고 일컫습니다. 위성은 다른 행성에서도 흔히 발견되지만, 달은 태양계의 다른 위성들과 비교했을 때 아주 특별한 천체이지요. 일단 모행성인 지구와 크기 비율이 4대 1이나 될 정도로 크다는 점이 놀랍습니다. 행성의 위성치고는 아주 큰 편입니다. 화성과 화성의 위성 포보스/데이모스의 크기 비율은 거의 300대 1, 토성과 위성 타이탄의 크기 비는 약 20대 1이며, 심지어 태양계에서 가장 큰 위성인 가니메데와 모행성 목성의 크기 비율도 약 25대 1입니다. 이웃 행성들이 지닌 위성에 비해서 달은 커도 너무 큰 셈이지요.

이렇게 크고 무거운 달 덕분에 나타나는 여러 가지 현상들이 있습니다. 대표적으로 나타나는 것이 우리나라 서해에서 볼 수 있는 밀물과 썰물이지요. 밀물과 썰물은 상대적으로 큰 달의 중력 때문에 나타나는 현상입니다. 이때 지구와 달 사이의 끌어당기는 힘을 '조석력'이라고 부릅니다. 바닷물은 액체이기 때문에 표면 수위가 조석력에 의해 변하기 쉽습니다. 그래서 서해처럼 얕고 지형에 갇혀 있는 바다의 경우 밀물과 썰물의 차이가 크게 나타나게 됩니다. 바닷물뿐만 아니라 육지도 달의 조석력을 받아 미세하게 움직입니다. 물론 달도 마찬가지로 지구의 조석력을 받아 표면이 조금씩 움직입니다.

이 조석력이 바로 '달의 뒤편'을 다룬 노래가 나오는 배경이 됩니다. 조석력으로 표면의 육지나 바다가 움직이게 되면 반드시 천체 내부 층과 마찰이 발생합니다. 지구나 달, 태양계 모든 천체는 스스로 회전하는 자전을 하고 있지요. 조석력에 의한 마찰은 결국 이 자전 속도에도 영향을 미치게 됩니다. 열심히 돌고 있는 팽이 옆에 손바닥을 갖다 대면 손과 팽이의 마찰로 인해 회전 속도가 줄어드는 것과 비슷합니다. 조석력은 그렇게 지구와 달 모두의 자전 속도를 늦추지요. 달의 경우에는 자전 속도가 이렇게 계속 느려지다가 마침내 공전 속도와 거의 같아진 것입니다. 즉, 달은 현재 한 달에 한 번 지구 주위를 공전하면서도 스스로 한 달에 한 번 자전합니다. 그래서 항상 같은 면만 지구를 바라보게 된 것이지요.

달의 무거운 중력은 지구의 자전축 각도를 유지해 주는 역할도 합니다. 지구에서 자전축의 기울기는 곧 계절의 변화와 연결됩니다. 자전축의 북쪽이 태양 쪽으로 기울어져 있는 시기엔 북반구의 우리나라는 뜨거운 여름, 남반구에 있는 호주는 겨울입니다. 반년이 지나 지구가 반 바퀴를 공전한 시기에는 우리나라는 눈 오는 크리스마스를 맞지만, 호주에서는 햇볕이 내리쬐는 해변에서 크리스마스를 보내지요. 이런 계절 변화가 극단적이지 않게 매년 찾아오는 이유는 지구 자전축의 기울기가 약 23.5도에서 1도 안팎으로 유지되고 있기 때문입니다. 이웃 화성은 자전축의 기울기가 약 10만 년 주기로 10도에서 50도까지 큰 폭으로 변하는 것을 보면, 최근 지구에 기온 이상 현상이 잦아졌다고는 해도 지구 자체는 상당히 안정적인 셈입니다. 북위 35도 근처의 우리나라 사계절 날씨가 짧은 시간 안에 적도나 극지방 계절로 바뀐다고 생각하면 아찔하지요. 물론 수 만 년 단위로 변한다고는 하지만 그런 환경에서는 어떤 생명체도 안정적으로 길게 번성하지는 못했을 것입니다. 그렇다면 인류와 같은 고등 생물의 진화도 늦어졌을지 모르지요.

이렇게 보면 지구가 달과 같은 무거운 위성을 지닌 것 또한 하나의 우연한 기적이라고 볼 수도 있겠습니다. 우리가 수없이 노래한 밤하늘의 아름다움을 함께 장식해 준 공과 함께 말이지요.

새벽녘엔 동에 번쩍, 초저녁엔 서에 번쩍, 수성과 금성

수성Mercury과 금성Venus은 지구 궤도 안쪽에서 태양 주위를 도는 행성들입니다. 지구에서 봤을 때는 항상 태양과 어느 정도 가까이 있지요. 그래서 해가 뜨기 전 동쪽 하늘이나 해가 지고 난 후 서쪽 하늘에서만 볼 수 있습니다. 자정 가까운 한밤중에도 볼 수 있는 화성이나 목성과는 다르게 동에 번쩍, 서에 번쩍 하는 행성들입니다.

수성은 태양과 가장 가까이에 있는 행성입니다. 게다가 밝기도 어두워서 좀처럼 하늘에서 찾아보기 힘들지요. 해가 지고 어둑어둑해지기 시작할 즈음이나 새벽에 동이 터오는 시점에 재빨리 관측하지 않으면 이내 지평선 아래로 재빨리 모습을 감춰버립니다. 고대 사람들은 이렇게 빠르게 움직이는 수성을 보고 신들의 전령인 메르쿠리우스(그리스 이름 헤르메스)의 이름을 붙인 것 같습니다.

수성은 겉보기엔 달과 아주 많이 닮았습니다. 표면에는 운석과 충돌하여 생긴 충돌구(크레이터)가 많이 보이고, 크기도 달의 약 1.5배 정도로 비슷합니다. 수성의 중력은 지구 중력의 약 35% 정도로 작고, 태양과의 거리도 약 0.4 천문단위로 상당히 가깝습니다. 그러다 보니 수성의 대기는 대부분 우주 공간으로 날아가 버려 거의 없지요. 대기가 없으니 낮과 밤의 온도 차이도 매우 큰데, 낮에는 무려 430도까지 온도가 치솟고 해가 지고 나면 밤에는 영하 180도까지도 떨어집니다. 자전 주기가 약 두 달이나 되니 한 달 동안은 수백 도의 불지옥이다가 그다음 한 달은 엄청난 추위에 시달리지요. 그야말로 극과 극을 오가는 곳입니다.

그동안 인류가 보낸 수성 탐사선은 1970년대의 매리너 10호와 2000년대 중반의 메신저 수성 탐사선이 전부였습니다. 탐사선이 수성 주변의 엄청난 태양열을 견디기 어려웠기 때문이지요. 하지만 2018년 10월, 유럽과 일본이 함께 계획하고 진행한 베피콜롬보 탐사선이 발사되었습니다. 베피콜롬보는 지구와 금성을 근접 통과한 다음 수성으로 날아가 2025년쯤 수성 궤도에 진입할 예정입니다. 탐사 목표는 수성의 구성 성분, 내부 구조, 자기장, 그리고 수성에 쏟아지는 태양풍 입자 등을 자세히 연구하는 일이지요. 수성까지 가는 길도 쉽지 않고, 태양과 가깝다는 어려움이 있긴 하지만 베피콜롬보가 수성의 어떤 모습을 보여줄지 무척 기대됩니다.

금성은 수성과는 달리 맨눈으로 쉽게 볼 수 있습니다. 어떤 때엔 해가 지고 어두워지기 전 붉은 노을 진 하늘에서 돋보이고, 새벽 동이 꽤 많이 터왔을 때 이미 하늘을 밝히고 있을 때도 있습니다. 그래서 초저녁 서쪽 하늘에서는 '개밥바라기', 새벽녘 동쪽 하늘에서는 '샛별'이라는 별명도 붙었습니다. 옛날 사람들의 눈에는 금성이 태양계에서 가장 밝고 아름다운 이웃으로 보였을 법합니다. 미의 여신 비너스의 이름을 붙이기에 아주 적당한 행성이지요.

금성은 많은 부분이 지구와 닮았습니다. 크기는 지구의 약

95%, 질량은 약 80%며, 표면이 암석으로 이루어져 있어 밀도와 중력의 크기도 비슷합니다. 그리고 지구에서 가장 가까운 태양계 행성이기도 하지요.

하지만 금성의 실제 모습은 지구와는 완전히 다른 불지옥입니다. 금성의 대기는 지구 대기보다 약 90배 이상 두꺼운데, 그마저도 95% 이상이 이산화탄소로 이루어져 있습니다. 지구 대기에서 이산화탄소의 비율이 0.03%에 불과하다는 사실을 떠올리면 아주 큰 차이임을 알 수 있지요.

이산화탄소로 뒤덮인 금성은 마치 두꺼운 이불을 겹겹이 덮고 있는 것과 같습니다. 대기 중의 이산화탄소는 행성에서 열이 빠져나가지 못하게 막기 때문입니다. 이를 '온실 효과'라고 하는데, 지구에서도 최근 들어 늘어난 이산화탄소 때문에 이 효과가 심해졌지요. 지구는 단 0.03%의 이산화탄소가 조금만 늘어나도 극지방의 빙하가 녹아내리고 여러 이상 기후 현상이 나타납니다. 하물며 금성의 대기는 아주 극단적인 온실 효과를 보여주지요. 표면 온도는 무려 460도에 이르고, 지표의 암석들이 녹아내려 용암처럼 흐릅니다. 화산 활동으로 뿜어져 나온 황산이 짙고 누런 구름을 이루고 있지요. 게다가 이 엄청난 온도와 대기압 때문에 금성 탐사 계획이 많이 실패하기도 했습니다. 탐사선이 열을 버티지 못하고 폭발하거나 압력 때문에 찌그러지는 일이 많았기 때문입니다. 1982년 소련이 발사한 베네라 13호는 금성 표면에서 약 두 시간 동안 겨우 작동했는데, 이때 금성의 황폐한 표면과 뿌옇게 한 치 앞도 보이지 않는 하늘을 촬영하여 지구로 보내오기도 하였습니다. 이름처럼 아름다운 풍경을 기대했던 사람들에게는 큰 실망을 안겨주었겠지요. (그림 4)

지옥으로 변해버린 금성을 보면 지구 대기와 바다의 중요성을 다시 한번 느낄 수 있습니다. 이산화탄소 농도가 극단적으로 높으면 어떤 행성이 되는지도 똑똑히 볼 수 있지요. 만약 금성에도 바다가 생겨났더라면 과거의 지구처럼 대기 중의 이산화탄소를 많이 녹여서 좀 더 살만한 터전이 되었을지도 모릅니다. 어쩌면 정말 비너스에서 온 사람들과 서로 오가며 소식을 주고받았을 수도 있지요. 새벽이슬을 맞으며 떠오르는 샛별을 보면 가끔 이런 안타까운 마음이 들 때도 있습니다. 그래도 겉보기엔 참 아름답고 예쁜 행성이니까요.

늘 호기심의 대상인 붉은 빛의 화성

최고 기온이 무려 40도를 찍으며 유난히 뜨거웠던 2018년 여름, 십수 년 만에 지구의 밤하늘에서 가장 붉게 빛나던 행성이 하나 있었습니다. 바로 전쟁의 신 이름을 딴 화성Mars입니다. 화성은 약 2년마다 지구에 가까이 접근하면서 더 밝게 보이는데, 이때 여름에는 화성이 지구와 가까워지는 동시에 태양과도 가까워졌기 때문에 평소보다 훨씬 더 밝게 빛났습니다. 게다가 화성 특유의 붉은 빛깔 덕분에 맨눈으로도 쉽게 화성을 찾을 수 있었지요.

화성은 지구 크기의 반, 지구 질량의 10%, 대기는 지구의 0.6%밖에 되지 않는 조그만 행성입니다. 하지만 현재 태양계에서 지구와 환경이 가장 비슷한 행성이지요. 과거에 액체 상태의 물이 흘렀던 흔적을 뚜렷이 볼 수 있고 지구처럼 계절 변화도 나타납니다. 게다가 온도 변화도 수성이나 금성처럼 극단적이지 않다 보니 혹시 생명체가 살고 있지는 않을까 하는 호기심이 늘 생기곤 하는 행성입니다. 그뿐만 아니라 강이나 바다의 흔적으로 생긴 복잡하고 다양한 지형, 수시로 불어 닥치는 먼지 폭풍, 화성 표면의 계절 변화 등은 그 자체만으로도 꽤 흥미롭지요.

화성은 태양에서 약 1.5 천문단위만큼 떨어져 있는 가까운 거리 덕분에 탐사가 많이 이루어졌습니다. 1976년 바이킹 1, 2호는 최초로 화성에 착륙하여 화성의 대기와 표면을 분석하였습니다. 주요 목표는 생명체가 살고 있는지를 알아보기 위한 것이었지요. 바이킹 탐사선은 화성 표면의 흙을 채취하여 여러 실험을 진행하였지만 안타깝게도 생명의 흔적을 찾지는 못했습니다. 화성 흙을 채취한 곳이 너무 건조하고 태양풍에 무방비 상태로 노출되어 있었기 때문이었지요. 그러나 천문학자들은 여기에 실망하지 않고 계속해서 화성의 모습을 들여다보았습니다.

1997년에 화성에 도착한 탐사선 마스 글로벌 서베이어는 거의 10년 가까이 화성 궤도를 돌면서 화성을 머리부터 발끝까지 '스캔'하는 역할을 하였습니다. 그 과정에서 물이 흐른 흔적을 여러 개 찾아내 사람들의 관심을 많이 끌기도 했지요. 화성 표면에 솟은 사람 얼굴 모양의 유명한 사진도 마스 글로벌 서베이어의 작품입니다. 이후 마스 오디세이(2001년), 화성 정찰위성(2006년), 메이븐(2014년) 등 비슷한 우주선들이 화성 지형을 더 정밀하게 스캔하였고 극지방의 계절 변화와 함께 대기 성분, 토양 성분 등의 구체적인 데이터까지 지구로 보내왔습니다.

이렇게 궤도 우주선들이 보내온 데이터는 화성 표면에 착륙하여 직접 움직이며 탐사하는 무인 탐사차(로버)의 발전에도 큰 보탬이 되었습니다. 화성을 스캔한 데이터를 바탕으로 로버가 착륙할 지점과 탐사할 곳을 미리 정할 수 있었기 때문이지요. 최초의 화성 로버였던 소저너는 패스파인더 착륙선을 타고 1997년 7월 화성에 무사히 착륙해 두 달 가까이 작동하면서 가능성을 보여줬습니다. 2004년 스피릿과 오퍼튜니티 로버는 과거 화성의 물이 만들어낸 복잡한 지형들을 수년에 걸쳐서 직접 굴러다니며 탐사했습니다. 오퍼튜니티는 무려 2018년까지 작동하였을 정도로 오랫동안 화성 표면을 보는 눈이 되어주었지요. 현재 활동 중인 큐리오시티 로버는 과거 화성의 바다였을 가능성이 큰 지형에서 토양과 대기 성분 등을 자세히 분석하고 있습니다. 특히 생명의 징후가 될 수도 있는 메탄과 탄소화합물의 분포를 들여다보고 있지요.

화성은 앞으로도 탐사와 연구 계획이 빡빡하게 짜여 있는 행성입니다. 2018년 11월 화성 착륙에 성공한 마스 인사이트 탐사선은 화성 내부 구조와 기후를 자세히 조사하고 있습니다. 물론 인사이트 탐사선이 생각보다 화성의 흙을 깊이 파고들어 가지 못해 실망스러움을 안겨주긴 했지만, 연구 자체를 멈추지는 않을 겁니다. 그리고 지난 2021년 2월 화성 착륙에 성공한 나사의 퍼서비어런스 로버는 옛날에 물이 흘렀을 지형에서 생명체의 흔적을 찾고 있습니다. (그림 5) 이에 질세라 유럽 우주국과 러시아의 '엑소마스' 프로그램도 차세대 화성 탐사 로버를 구상하고 있지요. 지구와 비슷한 환경을 지닌 화성에서 반드시 생명체의 흔적을 찾아내고야 말겠다는 천문학자들의 의지가 느껴집니다.

화성 탐사의 역사와 미래 이야기는 과학이 마치 한 걸음씩 계단을 오르듯이 발전한다는 사실을 잘 보여줍니다. 아직은 화성에 생명체가 존재한다는 증거도 없고, 여러 조건을 따져봤을 때 지능이 높은 생명체를 찾기는 힘들 겁니다. 그렇지만 언제나 멈출 수 없는 호기심이 우리의 눈을 화성으로 향하게 만들고 있지요. 밤하늘에서 화성을 만날 때면 아직도 많은 비밀을 감추고 있는 것 같아 붉은빛이 새삼스레 더 선명해 보입니다.

매력적인 태양계 왕자들, 목성과 토성

수성, 금성, 지구, 화성이 이웃처럼 다닥다닥 붙어 있다면, 그다음부터는 행성들이 꽤 듬성듬성 떨어져 분포합니다. 목성은 태양에서 약 5.2 천문단위 떨어져 있고 토성은 약 9.6 천문단위 떨어져 있지요. 만약 탐사선이 태양에서 출발해 약 2~3년에 걸쳐 목성까지 왔다면, 온 만큼을 더 가야 토성에 도달할 수 있습니다. 꽤 멀긴 하지만 목성과 토성 모두 크기가 지구의 약 10배에 달하다 보니 밤하늘에서도 꽤 밝게 빛납니다. 태양계에서 가장 거대한 행성 1, 2위를 자랑하는 태양계의 왕자들이지요. 그래서 고대부터 수성, 금성, 화성, 목성, 토성은 태양계의 다섯 행성으로 이미 잘 알려져 있었습니다. 요즘은 웬만한 쌍안경이나 천체 망원경으로도 목성의 줄무늬와 위성, 토성의 고리까지 관측할 수 있어 더 친숙하기도 합니다.

오래전부터 목성과 토성이 태양계 식구라는 것은 알고 있었지만, 실제 탐사는 1970년대 파이오니어 10, 11호가 두 행성을 처음으로 근접 통과하면서 시작되었습니다. 1980년대에 들어오면서 보이저 1, 2호 탐사선이 목성과 토성의 모습을 자세히 촬영하였고 멋진 고리와 위성들에 더 가까이 다가갔습니다. 1995년에는 갈릴레오 탐사선이 처음 목성의 대기 속으로 탐사선을 쏘아 보내 대기의 구성 성분과 환경을 알려주었고, 2004년 카시니-하위헌스 탐사선은 처음으로 토성의 궤도를 돌며 관측 연구를 진행하였지요. 그러면서 우리는 밤하늘에서 눈으로만 보았던 태양계의 왕자들에 대해 더 자세히 알 수 있게 되었습니다.

목성과 토성의 가장 큰 특징은 지구처럼 암석으로 된 표면이 없다는 것입니다. 수성, 금성, 지구, 화성은 모두 고체인 암석으로 이루어진 표면이 있어 착륙이 가능한 행성입니다. 수성과 금성은 환경이 워낙 거칠다 보니 현실적으로 착륙이 어려울 뿐이지요. 반면 목성과 토성은 대체로 뿌연 기체(가스)로 이루어진 행성이고, 표면과 대기의 구분도 명확하지 않아 착륙 자체가 불가능합니다. 행성 대부분이 수소와 헬륨, 그리고 소량의 메탄 정도로 이루어져 있고 그 기체들이 만든 구름이나 소용돌이가 우리 눈에 보이는 것이지요. 이러한 행성들을 '거대 가스 행성'이라고 부릅니다.

거대 가스 행성들은 보통 지구 같은 암석 행성들보다 훨씬 크고 무거워서 중력으로 주변의 물질들을 상당히 많이 끌어옵니다. 실제로 목성과 토성 모두 얼음과 먼지로 이루어진 고리를 지니고 있고, 각각 50개 이상의 위성들까지 거느리고 있습니다. 특히 두 행성의 위성 숫자는 지금도 계속 업데이트되고 있을 정도입니다. 그중에는 물이 존재하는 위성, 화산 활동이 활발한 위성, 무수한 충돌 흔적이 보이는 위성 등 각자 개성 있는 모습을 보여주지요. 그래서 목성과 토성 주변은 마치 옹기종기 모인 대가족 같기도 합니다.

목성의 위성 유로파europa와 토성의 위성 엔셀라두스enceladus
는 모두 액체 상태의 물이 확인된 천체들입니다. 엔셀라두스의 표
면에서 물이 분수처럼 뿜어져 나오는 모습이 관측된 적도 있지요.
(그림 6) 두 위성 모두 표면 온도는 영하 100도 미만이라 대부분 표
면이 얼음이지만, 천문학자들은 표면 아래에 액체 상태의 바다가
있을 거라고 예상합니다. 목성의 위성 이오io는 위성 중에서는 드
물게 화산 활동이 활발한 위성이지요. 토성의 위성 타이탄titan도
매력적인 위성입니다. 타이탄은 액체 메탄의 강, 호수, 바다로 표
면이 덮여 있습니다. 메탄과 같은 탄소화합물은 생명체의 흔적이
기도 하기에 메탄의 바다를 헤엄치는 생명체가 있지는 않을까 상
상의 나래를 펼치기 좋은 곳이지요. 실제로 2005년 카시니-하위
헌스 탐사선에서 분리된 하위헌스 호는 타이탄 착륙에 성공하여
타이탄의 표면 사진을 보내오기도 했습니다. 그래서 타이탄은 인
류의 탐사선이 착륙한 가장 먼 천체이기도 합니다.

가장 최근의 목성 탐사선 주노는 2016년 목성의 궤도 진입에
성공하여 지금도 목성 주위를 돌고 있습니다. 덕분에 라테아트처
럼 보이는 멋진 목성 대기의 소용돌이 사진도 얻을 수 있었지요.
토성 탐사도 마찬가지로 위성 엔셀라두스나 타이탄에 초점을 맞
춘 여러 탐사 계획들이 나오고 있습니다. 수많은 고리와 위성들로
이루어진 목성과 토성의 세계는 앞으로 또 어떤 모습을 보여줄까
요? 지구와는 완전히 다른 거대 가스 행성들이지만 그래서 더욱

매력적입니다.

차가운 가스 행성들, 천왕성과 해왕성

토성을 지나 다시 먼 여정을 거치면 또 다른 두 개의 커다란 가스 행성인 천왕성과 해왕성이 자리 잡고 있습니다. 태양으로부터의 거리는 천왕성이 약 20 천문단위, 해왕성은 약 30 천문단위 떨어져 있지요. 이쯤 되면 워낙 멀리 있어서 우리의 맨눈으로는 그 존재조차 알기 어려웠을 정도입니다. 그래서 망원경이 발전하기 전에는 토성 너머에 또 다른 태양계의 행성들이 있으리라고 생각하지 못했습니다.

천왕성과 해왕성 모두 근대에 들어 발견되었기 때문에 행성에 최초 발견자의 이름이 붙기도 했습니다. 천왕성은 '허셜의 행성', 해왕성은 '르베리에의 행성'이라는 별명이 붙었지요. 실제로 천왕성은 1781년 영국의 천문학자 윌리엄 허셜과 캐롤라인 허셜 남매가 만든 망원경을 통해 우연히 발견되었습니다.

반면 해왕성은 계산으로 찾아낸 행성입니다. 1846년 프랑스의 천문학자 위르뱅 르베리에는 천왕성의 공전 궤도를 분석하다가 천왕성이 뉴턴의 중력 법칙과 맞지 않게 움직이고 있다는 사실을 알아차렸습니다. 르베리에는 이를 설명하기 위해 천왕성 주변에 어떤 무거운 천체가 중력을 미치고 있으리라는 가설을 세웠고, 그 미지의 행성이 위치할 만한 곳을 예상해 베를린 천문대의 요한 갈레에게 편지를 보냈습니다. 편지를 받은 요한 갈레는 1846년 9월 23일 르베리에가 찍어준 위치를 관측해 정말로 해왕성을 발견합니다. 과학에서 어떻게 가설을 세우고 검증하여 실제 결과로 이어지는지를 잘 보여주는 사례이지요. 덤으로, 비슷한 시기에 존 쿠치 애덤스라는 영국 천문학자도 같은 예측을 하였습니다. 하지만 그 연구 과정에서 관측이나 논문 출판, 연구 발표 작업을 소홀히 하는 바람에 '해왕성 최초 발견'이라는 타이틀을 르베리에와 갈레에게 빼앗기고 맙니다. 이처럼 과학에서는 새롭고 창의적인 생각으로 연구하는 일뿐만 아니라 동료 학자들에게 본인의 연구를 알리고 도움을 구하는 일도 매우 중요합니다. 혼자서 하는 일이 아니니까요.

아무튼 망원경 관측 덕택에 천왕성과 해왕성이 태양계의 일원이라는 사실은 알았지만, 워낙 거리가 멀어서 여전히 미지의 세계나 다름없었습니다. 1980년대에 이르러서야 보이저 2호가 두 행성을 근접 통과하고, 1990년 허블 우주 망원경이 관측을 시작하면서부터 본격적으로 연구가 진행되었지요.

천왕성과 해왕성도 목성, 토성과 마찬가지로 암석 표면이 없는 가스 행성입니다. 두 행성 모두 크기는 지구의 약 4배, 질량은 거의 15배에 달하는 거대한 행성이지요. 천문학자들은 이 두 행성을 목성, 토성과 달리 '거대 얼음 행성'이라는 이름으로 따로 부르기도 합니다. 물론 여기서 얼음은 우리가 흔히 생각하는 그런 얼음이 아닙니다. 그저 천왕성과 해왕성의 구성 성분이 목성, 토성과는 조금 달라서 이를 구분 짓기 위해 붙인 이름일 뿐이지요. 목성과 토성의 대기는 수소와 헬륨이 99% 이상을 차지하고 헬륨보다 무거운 물질들은 1% 미만입니다. 반면 천왕성과 해왕성은 수소가 약 80%, 헬륨이 약 15% 정도로 구성되어 있는데, 헬륨보다 무거운 물질 중에서는 특히 메탄이 약 1~2% 정도로 목성이나 토성보다 눈에 띄게 많습니다.

우리가 사진으로 보는 천왕성과 해왕성의 예쁜 색깔은 이 메탄의 양과도 관련이 깊습니다. 대기 중의 메탄은 붉은 파장의 빛을 흡수하는 성질이 있어서 메탄이 상대적으로 많은 행성의 대기는 푸른색을 띠지요. 그래서 천왕성은 영롱한 청록빛을 띠고 해왕성은 바다보다 더 진한 파란색으로 물들어 있습니다. 물론 겉보기에나 아름다울 뿐, 그 대기로 들어가면 목성, 토성과 다름없이 거대한 폭풍이 휘몰아치는 '바람 지옥'이 펼쳐지지요.

천왕성과 해왕성은 지금도 탐사가 많이 이루어지지는 못했습니다. 허블 우주 망원경과 여러 지상 망원경들의 정밀한 관측으로 위성 몇 개가 가끔 발견되고 있지만, 보이저 2호 이후에는 근접 통과조차도 해본 탐사선이 없는 형편입니다. 태양계의 외곽을 지키는 거대 얼음 행성들, 우리는 언제쯤 거기에 다시 닿게 될까요?

태양계의 조그만 화석들

2019년의 카운트다운을 세며 새해를 맞이할 생각에 모두가 설레던 연말 · 연초, 우주에서도 반가운 소식 하나가 날아왔습니다. 나사 탐사선 오시리스-렉스OSIRIS-REx가 소행성 '베누Bennu'의 궤도 진입에 성공했다는 소식이었지요. 오시리스-렉스는 소행성 표면에서 샘플을 채취해 지구로 돌아오는 임무를 띠고 2016년 9월에 발사되었습니다. 베누의 궤도에 안정적으로 진입한 오시리스-렉스는 지금도 베누 주위를 돌고 있지요. 그리고 곧 베누 표면의 먼지와 흙을 채취해 2023년에 돌아올 예정입니다.

오시리스-렉스가 탐사하는 소행성 베누는 지름이 약 500m입니다. 이런 소행성들은 태양 주위를 도는 태양계 천체이긴 하지만, 앞서 언급한 행성들에 비하면 크기도 작고 무게도 가볍지요. 사실 베누도 수십만 개의 태양계 소행성 중에서는 아주 크고 무거운 편입니다. 소행성은 중력이 약해서 행성처럼 둥근 모양을 지니지 못하고 독특한 형태를 보이는 경우가 많습니다. 게다가 주변에 위성도 거느리지 못하고 대기도 거의 대부분 우주 공간으로 날아가지요. 태양계에서 가장 초라하고 보잘것없는 천체라고도 볼 수 있습니다. (그림 7)

하지만 천문학자들이 막대한 예산을 들여 탐사선을 보내면서

까지 소행성 샘플을 가져오려고 하는 데는 중요한 이유가 있습니다. 소행성을 비롯한 태양계 소천체들은 태양계의 화석과도 같기 때문이지요. 알다시피 화석은 오래전에 죽은 동식물의 흔적이 지금까지 보존된 것입니다. 소행성은 행성처럼 커다란 천체들과는 달리, 태양계가 만들어질 당시의 흔적이 고스란히 남아 있는 천체입니다. 행성은 일단 만들어지고 나면 대기 활동, 화산 활동, 그리고 중력에 끌려 온 수많은 운석과의 충돌 등으로 대기나 표면의 성분이 많이 바뀝니다. 하지만 소행성은 대기나 화산도 없고, 중력도 약하니 처음 만들어지던 당시의 성분을 그대로 유지하고 있습니다. 거꾸로 말하면, 소행성의 샘플을 가져와 성분을 조사하면 소행성이 처음 만들어지던 태양계 초기의 상태를 유추해 볼 수 있다는 뜻이지요.

이런 태양계의 화석들은 지구와 같은 행성의 궤도 주위에도 있고, 화성 궤도와 목성 궤도 사이에 띠처럼 모여 있기도 하며, 해왕성 너머 태양계 끝자락에도 분포하고 있습니다. 특히 화성과 목성 사이에는 많은 소행성이 빽빽이 모여 있어 '소행성대'라고 불립니다. 그리고 해왕성보다 먼 곳에서 태양을 공전하는 소천체들의 모임은 '카이퍼 벨트'라고 불리지요. 행성의 지위에서 제외된 명왕성이 위치한 곳이 바로 카이퍼 벨트입니다.

오시리스-렉스 외에도 여러 탐사선들이 태양계의 화석을 수집하여 연구하고 있습니다. 일본 우주항공연구개발기구JAXA가

제작한 하야부사 2호 탐사선은 2018년에 소행성 '류구'에 도착하여 탐사 로버를 3대나 착륙시키는 데 성공하였습니다. 이 로버들은 소행성 표면을 굴러다니며 사진과 영상을 촬영하고 여러 연구를 수행하였지요. 이듬해에는 본체가 류구에 착륙하더니 류구 표면 아래의 샘플을 채취해 2020년 12월 지구로 보내오는 데 성공했습니다. 반면 샘플을 가지고 오지는 못하더라도 태양계의 신비로운 영역에 발을 딛고 있는 탐사선도 있습니다. 거의 10년 가까이 비행하여 2015년 명왕성에 도착한 뉴호라이즌스호는 환상적인 명왕성 사진들을 보내주었지요. 뉴호라이즌스호는 명왕성을 떠난 뒤 마치 눈사람처럼 보이는 귀여운 카이퍼 벨트 소천체 '아로코트'의 표면을 자세히 들여다보았습니다. 그리고 지금은 다시 카이퍼 벨트 항해를 계속하고 있습니다. (그림 8)

우리나라도 미래에 지구 근처를 지나갈 소행성 '아포피스'를 탐사할 계획을 갖고 있습니다. 지름 약 340미터에 달하는 아포피스는 2029년 4월 지구에서 약 3만2천 킬로미터 떨어진 지점을 스쳐갈 예정입니다. 현재 대부분의 통신용 인공위성이 지구에서 약 3만6천 킬로미터 떨어져 지구를 돌고 있으니, 아포피스는 그보다도 더 가까이 지나가는 셈이지요. 그래서 혹시 지구와 충돌하지는 않을까 하는 위험성도 계속 제기되었습니다. 다행스럽게도 꾸준한 관측 결과 현재는 충돌 가능성은 매우 낮은 것으로 확인되었습니다. 대신에 과학자들은 이렇게 커다란 소행성이 지구에 가까이

오는 김에 탐사선을 쏘아올려 열심히 연구해 보자는 아이디어를 냈지요.

그래서 한국천문연구원, 한국항공우주연구원, 그리고 국방과학연구소 등의 기관이 머리를 맞대고 우리나라 최초의 소행성 탐사 프로젝트를 구상하였습니다. 피아노 크기만 한 탐사선을 2027년쯤에 발사하여 아포피스 근처로 보낸 다음, 아포피스와 함께 비행하며 2029년 지구 근접 통과 전후의 변화를 관찰한다는 계획이지요. 소행성의 성분, 지형, 자전 운동 등을 정밀하게 들여다볼 수 있는 절호의 기회입니다. 한국천문연구원이 주축이 되다보니 같은 학교에 있는 동료 대학원생들 중에서도 관련 회의에 활발히 참석하는 친구들을 본 적이 있습니다.

그러나 아쉽게도 이 프로젝트는 2022년 4월 예산 편성을 위한 정부 기관의 조사(예비타당성조사) 대상에 포함되지 못하면서 위기를 맞았습니다. 물론 또 기회가 없는 것은 아니지만, 올해 안에 확정이 되지 않으면 아포피스 탐사는 일정이 너무 빠듯해집니다. 사실상 물 건너가는 상황이지요. 우주 탐사를 통해 나라의 위상을 높이는 건 둘째치더라도, 보통 소행성 탐사를 위해서는 멀고 어려운 비행을 해야 하는데 아포피스는 제 발로 우리에게 다가오고 있습니다. 우리 손으로 할 수 있는 이 기회를 놓치면 앞으로 두고두고 후회하지 않을까요?

생텍쥐페리의 소설 《어린 왕자》에서 소행성 B612에서 온 어린 왕자는 "별들이 아름다운 건 보이지 않는 꽃 한 송이 때문"이라고 이야기합니다. 비록 소행성들이 어린 왕자의 고향 별처럼 꽃이 피고 화산이 식사를 데워주는 곳은 아니지만, 태양계 출생의 비밀을 알려줄 보이지 않는 열쇠를 품고 있지는 않을까요? 소행성이 별이나 행성처럼 화려하지는 않아도 어딘가 숨은 매력을 지니고 있으리라 믿습니다. 어린 왕자의 장미꽃 한 송이처럼 말이지요.

3장

밤하늘의 별들은
어떻게 살아갈까

별은 '스스로'
빛을 낸다

저건 별이 아니라 행성이야!

고요한 밤, 정신없던 도시를 벗어나 불빛이 드문 교외로 나가면 밤하늘에는 소리 없는 빛의 향연이 펼쳐집니다. 색깔도 밝기도 다른 무수한 별들이 저마다 우주 공간에 빛을 실어 보내며 우리에게 메시지를 전하고 있지요. 특히 도시 생활에 익숙해져 있는 사람들은 시골 밤하늘을 빼곡하게 메운 별빛에 경이로움을 느끼곤 합니다. 아마 도시 문명이 발전하기 전에 살던 사람들에게는 이 별빛이 어두운 밤의 몇 안 되는 친구 중 하나가 아니었을까요. 그래서 밤하늘에 별자리를 그려 만들고 그렇게 만든 별자리들을 기준 삼아 방향을 정하기도 했을 겁니다.

밤하늘에 보이는 반짝이는 천체들은 알고 보면 각기 다른 종류인 경우가 많습니다. 수십, 수백 광년 떨어진 곳에서 엄청난 에너지를 내뿜는 별일 수도 있고, 금성이나 목성 같은 이웃 행성일 수도 있고, 심지어는 인공위성이나 지나가는 비행기일 수도 있습니다. 이들은 밤하늘에서는 그냥 반짝이는 점으로 보여도 실제로는 크기나 질량, 빛을 내는 원리 등이 모두 다르지요. 일상에서는 밤하늘에 떠 있는 반짝이는 빛들을 구분하지 않고 그냥 다 '별'이라고 뭉뚱그려 부르는 경우가 많습니다.

그래서 밤하늘에서는 별이 특히 행성과 구별이 되지 않을 때가 많습니다. 일상에서는 꽤 많은 사람이 별과 행성을 섞어 쓰기도 하지요. 영화 〈라디오 스타〉에서는 혼자 잘난 맛에 살아온 가수왕 주인공에게 매니저가 이렇게 이야기해 주는 장면이 나옵니다.

"자기 혼자 빛나는 별은 없어. 별은 다 빛을 받아서 반사하는 거야."

사람은 혼자서 살 수 없고 항상 주변 사람들과 어우러져 살 때 더욱 빛난다는 귀중한 조언을 담은 이야기입니다. 하지만 천문학을 조금이라도 아는 사람들이 들으면 뭔가 위화감을 느낄 수밖에 없습니다. "별은 자기 혼자 빛나는데?" 하는 생각이 먼저 들 테니까요.

엄밀히 말하자면, 천문학에서 별은 스스로 빛을 내는 천체, 즉 '항성恒星'만을 의미합니다. 항성은 스스로 빛을 내며 밤하늘에서 항상 같은 곳에 있는 것처럼 보인다고 하여 이름 붙여진 천체들입니다. 물론 항성이라고 해서 실제로 전혀 움직이지 않는 것은 아닙니다만 '스스로' 빛을 낸다는 점은 굉장히 독특하고 중요한 점입니다. 금성이나 목성처럼 태양계 이웃 행성들은 밤하늘에서 매우 밝게 보이지만 우리 눈에 보이는 빛을 스스로 내지는 못합니다. 태양이 가까이에서 비춰주는 빛을 반사해서 그렇게 보이는 것뿐이지요. 반면에 태양은 주변 천체와 상관없이 스스로 빛을 내뿜고 있다는 점에서 진짜 별이라고 할 수 있습니다.

태양의 예에서 알 수 있듯이, 별은 지구 같은 행성보다 훨씬 더 크고 밝습니다. 가까이에 있는 태양부터가 이미 지구 크기의 109배인데, 여름철 은하수 근처에서 보이는 직녀성Vega은 그 거대한 태양보다도 두 배 가까이 더 크고 약 40배 이상 더 밝습니다. 오리온자리의 어깨에 있는 붉은 별 베텔게우스는 태양에서 화성까지의 궤도를 두 번 덮고도 남을 만큼 엄청나게 크고 태양보다 약 10만 배 더 밝습니다.

마냥 예쁘게만 보이던 별들이 알고 보면 태양처럼 거대하게 불타는 지옥이라는 사실을 알면 별에 대한 환상이 조금은 깨질지도 모르겠습니다. 이렇게 거대하고 밝은 별들이 밤하늘에서 행성과 비슷하게 점처럼 보이는 이유는 그저 거리가 매우 멀기 때문입니다. 멀리 있는 물체일수록 눈에 보이는 크기는 거리의 제곱에 반비례하여 작아지니까요. 실제로 현재 지구상에 있는 어떤 망원경으로 확대해 보아도 별은 그저 점으로밖에 보이지 않습니다. 몸집이 크고 밝기가 밝은 것에 비해 거리가 너무나도 멀기 때문이지요. 그래서 많은 사람이 별과 다른 천체를 혼동하는 것 같습니다. 가끔 금성이나 목성을 보고 저건 무슨 별이냐는 질문을 듣거나, 오랜만에 만난 친구에게 '별 박사'라는 얘길 들으면 참으로 당혹스럽습니다. 금성과 목성은 별이 아니라 행성이고, 저는 별이 아니라 은하를 연구하니까요. 다르게 생각해 보자면 그만큼 별이 천문학의 대명사가 되어버렸기 때문이겠지요. 그래도 앞으로 모든 사람이 별과 행성 정도는 구분할 수 있으면 좋겠다는 바람을 가져봅니다.

중력수축이 만든 별의 씨앗

모닥불을 피워서 빛과 열을 내려면 불을 피울 장작과 그 장작을 태울 불씨가 필요합니다. 별도 마찬가지입니다. 별은 보통 짧게는 수백만 년에서 수십억 년까지도 스스로 빛을 내고 그 빛을 유지하는데, 그러려면 양도 적당히 많고 연비도 좋은 '땔감'과 '불씨'가 필요합니다. 그렇다면 우주에서 이 땔감과 불씨는 무엇일까요?

별의 땔감이 무엇인지 알기 위해서는 먼저 별이 어떻게 만들어지는지부터 알아야 합니다. 지구와 이웃 태양계 천체들이 만들어질 때와 마찬가지로, 별이 만들어질 때도 물질들 사이의 중력이 큰 역할을 합니다. 아주 간단히 말하자면, 우주 공간에 떠 있는 물질들이 중력 때문에 서로 뭉쳐서 스스로 빛을 내기 시작하면 별이 되는 겁니다.

이때 재료가 되는 물질은 보통 별과 별 사이의 빈 우주 공간에 존재한다고 하여 '성간星間물질'이라고 불립니다. 우리가 진공이라고 생각하는 별 사이의 우주 공간은 사실 아주 희박한 성간물질로 채워져 있습니다. 이 성간물질은 약 4분의 3 정도가 가장 가벼운 원소인 수소 원자H로 이루어져 있습니다. 보통 성간물질 속의 수소 원자들은 기체처럼 자유롭게 움직이지만, 성간물질이 점차 뭉치게 되면 수소 원자들도 빽빽하게 모이면서 두 개가 결합한 수소 분자H_2를 이루기도 합니다. 그렇게 모여서 큰 덩어리를 이룬 성간물질은 크기가 약 100광년 이상 되는 거대한 구름을 형성합니다. 이 구름이 바로 별의 씨앗이 되는 '거대 분자운'입니다.

거대 분자운은 스스로가 지닌 중력 때문에 전체 덩어리가 '중력수축' 작용을 겪습니다. 워낙 많은 성간물질이 빽빽하게 뭉쳐 있으니 중력도 클 수밖에 없기 때문이지요. 성간물질 분자들은 중력을 받아 거대 분자운의 중심을 둘러싸고 빠른 속도로 움직입니다. 그러다 보면 분자들이 서로 충돌하기 마련인데, 물질 입자들의 충돌이 자주 일어나면 빛과 열이 발생하지요.

이런 사례는 일상에서도 자주 찾아볼 수 있습니다. 전자레인지는 전자파를 이용해 음식물에 함유된 물 분자들을 서로 빠르게 충돌시킵니다. 이때 발생한 열이 식은 밥을 따뜻하게 데우는 역할을 하지요. 형광등도 전기를 공급하면 기체 입자와 전자가 충돌하여 빛을 냅니다. 규모가 훨씬 큰 거대 분자운에서도 역시 중력수축으로 성간물질들이 모이면 서로 충돌하여 빛과 열이 방출됩니다. 이때가 진공에 가까웠던 칠흑 같은 우주에서 별이 처음으로 빛을 발하는 순간이지요.

과거에는 별의 불씨가 이 중력수축 작용이라고 생각하였습니다. 거대 분자운의 중력수축만으로도 차가운 성간물질에서 빛과 열이 발생할 수 있다는 사실을 알고 있었기 때문이지요. 실제로 19세기 말 유럽의 두 물리학자, 켈빈과 헬름홀츠는 태양이 빛나는 이유가 중력수축 때문이라고 주장하였습니다. 태양에 있는 물질들이 중력수축을 통해 빛과 열을 발생시키므로 태양이 지구를 지금까지 비추고 있다고 생각했지요. 이때 태양이 중력수축을 통해 과연 몇 년 동안 빛을 낼 수 있는지를 간략히 계산할 수 있는데, 이렇게 계산한 시간을 '켈빈-헬름홀츠 시간'이라고 부릅니다. 켈빈-헬름홀츠 시간을 계산하는 일은 천문학과 대학생들이 단골 메뉴처럼 만나는 과제이기도 하지요.

여러 물리학 지식을 동원하여 태양의 켈빈-헬름홀츠 시간을 계산하면 약 3천만 년이라는 결과를 얻을 수 있습니다. 태양이 중력수축을 통해 약 3천만 년까지 빛날 수 있다는 뜻이지요. 켈빈과 헬름홀츠가 살았던 때는 태양이나 지구의 나이가 어느 정도인지 잘 알지 못했기 때문에 3천만 년이라는 계산이 그다지 문제가 없어 보였을 겁니다. 하지만 지구의 나이를 측정하는 방법이 점점 발전하고 지구가 최소 수십억 년 전에 만들어졌음이 알려지면서, 과학자들은 켈빈과 헬름홀츠의 주장에 문제가 있다는 사실을 알게 되었습니다. 지구의 나이가 46억 년인데 태양이 3천만 년 정도만 빛을 낸다는 계산은 전혀 말이 되지 않으니까요. 태양이 있어야 지구가 만들어질 수 있는데 지구가 태양보다 백 배 이상이나 나이가 더 많을 수는 없었습니다. 다시 말하면, 중력수축만으로는 태양과 같은 별이 지금까지 빛을 낼 수 없다는 뜻입니다. 별이 빛나는 이유를 제대로 알기 위해서는 중력수축 이외에 다른 요소를 생각해야 했습니다.

밤하늘에 빛나는 핵융합의 마법

별의 탄생 이야기는 중력수축에서 끝나지 않습니다. 중력수축을 통해 빛과 열이 발생하는 곳에서는 수축과 반대로 팽창하려는 압력이 생깁니다. 빛과 열이 발생한 곳은 온도가 높아지고, 온도가 높아지면 물질들이 활발히 움직입니다. 팽창하려는 압력의 정체는 바로 이 입자들의 운동입니다. 주전자에 물을 펄펄 끓일 때 주전자 뚜껑이 들썩이는 걸 본 적이 있을 겁니다. 끓는 물에서 증발한 물 분자가 뜨거운 온도에서 아주 활발히 움직이기 때문에 뚜껑을 밀어내는 압력이 생기는 것이지요. 마찬가지로 막 빛을 내기 시작한 초기 단계의 별에도 중력수축과 그에 대항하는 압력이 함께 작용하게 됩니다.

중력수축과 압력이 어느 정도 균형을 이루게 되면 별은 안정을 되찾습니다. 두 힘이 서로 상쇄되기 때문에 별은 전체적으로 수축하지도 않고 팽창하지도 않는 상태를 이룹니다. 정확히 말하자면, 별이 수축하면 온도가 높아지므로 압력이 커져서 다시 팽창하고, 팽창하면 다시 온도가 낮아져서 중력수축이 작용하는 일종의 '자가 조절 시스템'이 형성된 겁니다. 이제 별은 크기도 온도도 크게 변하지 않는 천체가 되었습니다.

이런 평형 상태에서 별은 또 다른 불씨를 이용합니다. 별 내부일수록 온도와 압력이 높고 뜨거운데, 별의 중심에 이르면 온도가 거의 수천만 도에 이릅니다. 실제로 태양의 중심 온도도 약 1,500만 도이지요. 이렇게 극단적인 고온 고압의 상태에서는 일상에서는 절대 볼 수 없는 현상이 일어납니다. 별을 이루던 수소 원자핵들이 뭉쳐서 진화하기 시작하는 것이지요. 이런 반응을 '핵융합 반응'이라고 하며 수소 원자핵의 경우 '수소 핵융합 반응'이라고 부릅니다.

핵융합 반응은 인류가 보아왔던 어떤 화학 반응보다도 독특합니다. 수소 핵융합 반응을 통해 수소 원자핵 4개가 합쳐지면 더 무거운 원소인 헬륨He 원자핵 1개가 만들어집니다. 단순해 보이지만 아주 놀라운 반응이지요. 수소 원자 2개가 붙어 수소 분자를 이루는 단순한 반응과 달리, 핵융합 반응에서는 수소에서 헬륨으로 아예 원소 자체가 바뀌는 것이지요. 이런 반응은 지구상에서는 재현할 수 없었던 화학 반응이었습니다. 약 1,000년 전 이슬람 학자들이 그토록 찾아 헤매던 연금술 같은 마법이 밤하늘에 떠 있는 모든 별의 내부에서 일어나고 있었던 셈입니다.

핵융합 반응이 내놓는 빛과 열의 양도 어마어마합니다. 재료인 수소 원자핵 4개와 결과물인 헬륨 원자핵 하나의 에너지 차이가 빛과 열로 방출됩니다. 수소 덩어리인 별에서 이런 핵융합 반응을 통해 나오는 에너지는 지구상의 어떤 에너지원으로도 발생시킬 수 없는 어마어마한 양입니다. 핵융합 반응을 하는 수소 1kg은 원자력 발전소의 원자로 1기를 열흘 가까이 돌려서 얻는 에너지와 맞먹을 정도이지요. 그래서 실제로 세계 각국에서는 핵융합 반응을 통해 무궁무진한 에너지를 얻고자 많은 노력을 기울이고 있습니다.

이 엄청난 에너지를 이용해 다시 태양이 지구를 비출 수 있는 총 시간을 계산하면 어떨까요? 앞에서 다룬 켈빈-헬름홀츠 시간처럼 말이죠. 태양 중심부에서 수소 핵융합 반응을 통해 나오는 총에너지를 우리가 1년 동안 받는 태양 빛 에너지로 나누면 약 100억 년이라는 결과가 나옵니다. 태양 중심부의 수소 핵융합 반응으로 태양은 약 100억 년 동안 빛을 낼 수 있는 셈이지요. 이 결과는 태양계와 지구의 나이와도 잘 맞고, 현재 지구와 태양계의 나이가 약 50억 년임을 고려하면 태양은 앞으로도 약 50억 년 동안 빛을 낼 수 있으리라는 예상도 해볼 수 있지요. 그러니 수소 핵융합 반응을 일으키는 수소 원자핵들은 중력수축보다 훨씬 연비도 좋고 오래 가는 별의 땔감입니다.

수소 핵융합 반응을 통해 처음 우주 공간으로 나온 빛은 마치 갓 태어난 아이의 울음소리와 같습니다. 별의 중심부같이 극단적인 고온 고압의 환경이 아니면 일어날 수 없는 마법이지요. 그러나 별이 수소 핵융합 반응에 필요한 수소 원자핵을 무한정으로 가지고 있지는 않습니다. 언젠가는 고갈되는 순간이 오고야 말지요. 게다가 별이 얼마나 무거운지에 따라서 핵융합 반응의 빈도와 속도도 달라지고, 주변에 이웃 별이 있느냐 없느냐에 따라서도 별은 다른 삶을 살게 됩니다. 별의 다양한 일생은 이제부터가 시작입니다.

질량에 따라 달라지는
별의 일생

별의 일생, 그 영원의 시간을 엿보다

별은 핵융합 반응이라는 불씨를 이용해 중력수축보다 훨씬 오래 빛을 냅니다. 태양은 약 100억 년 가까이 빛을 낼 수 있지요. 인간에게는 거의 영원과 다름이 없습니다. 인류의 역사가 아무리 길어도 약 400만 년이고, 문자를 이용해 기록을 남기며 발전해 온 것도 불과 지난 1만 년 사이의 일이니까요. 그렇지만 현재 천문학자들은 별의 일생을 상당히 구체적으로 예측합니다. 밤하늘에서 무수히 많은 수의 별을 관측하고 분석하면서 별이 지닌 영원의 시간을 마치 퍼즐 조각처럼 맞춘 것이지요.

밤하늘의 별들은 밝기, 색깔, 크기, 그리고 주변 환경도 모두

다릅니다. 마치 사람들이 서로 나이, 외모, 성격, 가치관 등이 다
다른 것처럼 말이죠. 당장 겨울철 밤하늘만 올려다보아도 서로 다
른 특성이 있는 다양한 별들을 볼 수 있습니다.

사람의 눈으로 쉽게 확인할 수 있는 별의 성질 중 하나인 색깔
을 예로 들어보겠습니다. 겨울철에 가장 잘 보이는 오리온자리에
서 가장 밝은 별 두 개는 오리온의 어깨 쪽의 '베텔게우스'와 오리
온 다리 쪽의 '리겔'입니다. 그런데 가만히 보면 베텔게우스는 붉
은색을 띠지만 리겔은 푸른색으로 빛나고 있지요. (그림 9) 그리고
오리온자리에서 지평선 근처로 시선을 내리면 가장 먼저 눈에 띠
는 별 '시리우스 A'는 아주 밝은 흰색 빛을 내뿜고 있습니다. 다시
오리온자리를 기준 삼아 천정 쪽으로 시선을 올려다보면, 이번엔
푸른색 별들이 옹기종기 모여 있는 '플레이아데스성단'이 희미하
게 보입니다.

별의 색깔은 밤하늘을 더욱 다채롭게 꾸며줄 뿐만 아니라 별
의 성질을 분석하는 데 아주 중요한 물리량을 보여주기도 합니다.
별의 색깔은 별의 표면 온도를 알려줍니다. 파장이 짧은 푸른색일
수록 온도가 높고 젊은 혈기 왕성한 별이지요. 그러니 플레이아
데스성단처럼 푸른 별들이 모여 있는 성단은 젊은 별들이 한꺼번
에 태어난 곳이라고 볼 수 있습니다. 반면 파장이 긴 붉은색을 띠
는 별들은 온도가 낮고 주로 늙은 별들입니다. 베텔게우스는 덩치

가 크면서 나이도 지긋한 별이라고 볼 수 있겠지요. 한편 태양처럼 가시광선에서 노란색에 가깝게 빛나는 별은 장년기에 해당한다고 볼 수 있습니다. 이렇게 별의 색깔만 봐도 별이 얼마만큼 나이를 먹었는지 짐작해 볼 수 있습니다.

망원경으로 수억 개의 별을 관측해 데이터를 얻는 천문학자들은 막 생겨난 어린 별들부터 황혼기에 이른 별까지 훨씬 더 많은 별의 일생을 엿볼 수 있습니다. 게다가 별의 거리와 밝기, 질량, 밀도, 구성 성분 등을 여러 가지 방법으로 자세히 분석하기도 하지요. 아무리 별의 일생이 인간의 삶에 비해 엄청나게 긴 시간이라도 해도, 이렇게 많은 별을 관측하면 별의 일생도 조금씩 밝혀질 수밖에 없습니다. 나이도 성격도 직업도 다른 사람 수만 명을 관찰하고도 사람의 일반적인 생애를 파악하지 못한다면 그게 더 이상할 테니까요.

별에게도 중요한 체중계 숫자

현대인들에게 체중계 숫자가 아주 중요한 건강 지표인 것처럼, 별에게도 체중계 숫자는 매우 중요합니다. 별의 질량(몸무게)은 별의 일생과 앞으로의 운명을 가르는 결정적인 요소니까요. 물론 별이 태어난 주변 환경에 따라 조금씩 차이가 있긴 하지만, 대부분은 별이 타고난 질량에 따라 수명이 결정되어 버립니다. 몸무

게가 중요한 건 사람이나 별이나 똑같지만, 별에게 다이어트 계획 같은 건 사실 별 의미가 없는 셈입니다. 어차피 정해진 삶이라고나 할까요.

별이 평생 빛과 열을 얻는 과정은 질량에 따라 크게 달라집니다. 앞서 이야기한 것처럼 별은 대부분 수소 핵융합 반응을 통해 빛과 열을 발생시켜 살아갑니다. 이 단계에 있는 별들을 '주계열성main sequence'이라고 부르지요. 주계열성은 사람으로 치면 청·장년기에 해당하는 별들이며, 별의 일생에서 약 80~90%를 차지합니다.

그런데 수소 핵융합 반응의 연료인 수소 원자핵이 별의 중심부에서 다 소진되면 어떻게 될까요? 그럴 경우, 별은 다음 단계의 땔감을 이용합니다. 수소 핵융합 반응은 수소 원자핵이 합쳐서 헬륨 원자핵으로 바뀌는 반응이니, 주계열성이 수소 핵융합 반응을 일으키고 나면 중심부에는 헬륨이 쌓입니다. 하지만 아무 별이나 다 헬륨을 태울 수 있는 것은 아닙니다. 수소 핵융합 반응은 약 1,000만 도에서도 잘 일어나지만, 헬륨 핵융합 반응이 일어나려면 무려 1억 도 가까이 되는 온도가 필요합니다. 별의 중심부가 이 정도 온도에 도달하려면 별의 덩치가 크고 무거워야 합니다. 왜냐하면 무거운 별들이 중심부의 중력이 강하고, 그러면 중력수축 에너지도 크기 때문에 중심부 온도도 높아지는 것이지요. 결국 질량이 커야 다음 단계의 땔감인 헬륨을 태울 수 있고, 그 정도 체급이

안 되는 별은 더는 핵융합 반응을 일으키지 못하는 것이지요. 별의 일생은 여기서 갈립니다.

여기까지 이해했다면 무거운 원소들까지 계속 땔감으로 사용할 수 있는 질량이 큰 별들이 오래 산다고 생각할 수도 있습니다. 그러나 실제로는 그 반대입니다. 질량이 큰 별들은 중심부 온도가 높아서 질량이 작은 별보다 훨씬 빠르게 수소, 헬륨 등의 땔감을 태워버립니다. 그만큼 엄청난 양의 빛과 열도 방출하지요. 반면 질량이 작은 별들은 수소보다 무거운 원소를 태우지는 못하지만, 수소 원자핵만이라도 아껴 쓰면서 훨씬 오래 빛을 냅니다. 그중에는 거의 우주의 나이만큼 쉬지 않고 빛을 내는 별들도 있습니다.

생각해 보면 정말 아이러니합니다. 비만한 사람들이 각종 성인병에 걸려 일찍 죽을 위험이 큰 것처럼, 별도 체중계 숫자가 크면 폭식하다가 결국 단명해 버리니까요. 별이나 사람이나 적게 먹고 소비하는 것이 오래 사는 비결인가 봅니다.

영원히 죽지 않는 라이트급 별들

별이 태양 질량의 약 0.1배 이상의 질량을 지니면 안정적으로 수소 핵융합 반응을 유지할 수 있습니다. 그러니 주계열성이라고 부를 수 있겠지요. 그래서 태양 질량의 0.1배를 항성이 되기 위한 최소 질량으로 보기도 합니다. 태양 질량의 0.1배에서 0.5배 정도의 질량을 지니는 라이트급 별들을 '적색왜성red dwarf'이라고 부릅니다. 표면 온도가 약 3,000도 정도로 낮다 보니 붉은색을 띠고, 질량도 작고 크기도 작습니다. 우주 전체에서 보면 적색왜성은 전체 별 개수의 약 70% 이상을 차지할 정도로 많습니다. 무거운 별이 만들어질 때와는 달리 성간 분자들이 조금만 뭉쳐도 되기 때문에 많이 생겨난 것이지요. 태양계 밖에서 우리와 가장 가깝다고 알려진 별, 프록시마 센타우리Proxima Centauri도 이 적색왜성에 해당합니다. 적색왜성은 개수는 가장 많지만, 워낙 어둡다 보니 프록시마 센타우리처럼 가까이 있는 별이 아니면 거의 눈에 띄지도 않기 마련이지요.

질량이 작은 적색왜성은 핵융합 반응으로 수소를 태우는 속도가 느립니다. 그래서 아주 오랜 시간 동안 수소 핵융합 반응으로 빛을 냅니다. 계산해 보면 보통 적색왜성의 수명은 수조 년에 달하는데, 현재 우주의 나이가 약 138억 년임을 떠올려 보면 앞으로도 영원히 죽지 않는 별이라고 봐도 좋을 것 같습니다. 그래서 아직도 적색왜성이 어떤 최후를 맞는지는 확실히 알려진 바가 없습니다. 우주에 가득 메우고 있는 별이지만 이후의 진화 과정을 관측하기에는 우주의 나이가 너무 어린 셈입니다.

태양급 별들의 슬픈 미래

태양 질량의 약 0.5배에서 2배가량 되는 별들은 덩치도 적당히 크고 온도도 적당히 높아서 일생의 단계별로 다양한 상태를 보여줍니다. 이 정도 체급의 별들부터는 일생의 모든 단계가 '중력과 내부 압력의 싸움'이라고 요약할 수 있습니다. 처음 빛을 내기 시작한 순간부터 별은 중력과 내부 압력이 균형을 이루어 약 수십억 년 정도 수소 핵융합 반응을 안정적으로 지속하는 주계열성이 됩니다. 이후 수소가 소진되면 그 균형이 깨지면서 부풀어 올라 '적색거성'이라는 거대한 별이 되지요.

적색거성이 만들어지는 자세한 과정은 조금 복잡하지만, 앞서 언급했듯이 원리는 결국 중력과 압력의 싸움입니다. 안정적으로 수소 핵융합 반응을 통해 빛나던 장년기의 주계열성들은 중심부의 수소 원자핵 땔감이 소진되면서 변하기 시작합니다. 핵융합 반응의 결과물인 헬륨 원자핵이 별 중심부에 쌓이면 당분간은 핵융합 반응이 일어나지 못하기 때문입니다. 헬륨을 땔감으로 삼으려면 더욱 높은 중심부 온도가 필요하니까요. 그러면 중력과 내부 압력이 잘 균형을 이루던 별에서 다시 중력이 이기기 시작하면서 중력수축을 겪습니다. 중력수축은 또다시 입자들의 충돌 횟수를 증가시켜 온도를 올립니다. 그러면 중심부를 둘러싸고 남아 있던 수소 원자핵들이 다시 뜨거워지면서 수소 핵융합 반응을 일으키기 시작합니다. 그런데 이번에는 주계열성 때와 달리, 별의 중심부처럼 깊은 곳이 아니라 좀 더 얕은 곳에서 수소 핵융합 반응이 일어나다보니 별의 표면에 더 강한 압력을 주게 되지요. 이렇게 별 내부의 압력이 다시 중력을 이기고, 그러면 별은 다시 온도를 낮추기 위해 크게 부풀어 오릅니다. 그렇게 적색거성이 탄생합니다.

태양 질량의 0.5배 이상 되는 별들은 이렇게 적색거성이 되어 중심부의 온도를 약 1억도까지 데울 수 있습니다. 그러면 별의 중심부에서 헬륨 핵융합 반응이 일어나지요. 헬륨 핵융합 반응은 헬륨 원자핵 3~4개가 합쳐져서 탄소 원자핵 또는 산소 원자핵이 만들어지는 반응입니다. 이제 적색거성의 중심부에서는 헬륨을 소비해 탄소와 산소를 만들어내는 것이지요.

겨울철 오리온자리의 위쪽에서 볼 수 있는 황소자리의 알데바란Aldebaran은 적색거성의 좋은 예입니다. 알데바란은 질량도 태양과 비슷해서 태양의 미래를 그대로 보여주는 별이라고 할 수 있지요. 앞으로 약 50억 년이 지나면 태양도 적색거성이 되면서 알데바란처럼 약 100배 이상 커질 것으로 예상됩니다. 그러면 가까운 이웃 수성이나 금성은 뜨거운 열로 스르르 녹아버리고, 지구도 절대 생명이 살 수 없는 불지옥이 될 겁니다. 별의 진화 과정은 결국 태양과 지구의 먼 미래와도 밀접한 관련이 있습니다.

적색거성이 커질수록 별 표면에 있는 물질들은 점차 중력을 약하게 받습니다. 중력이 강한 중심으로부터 거리가 멀어지기 때문이지요. 그러면 별의 표면 물질은 아예 별의 바깥 우주 공간으로 탈출하게 됩니다. 이때 '탈脫 적색거성'하는 물질들은 별에서 나오는 강한 빛을 받아 우주 공간에 각양각색의 다채로운 흔적을 남깁니다. 그 모양이 워낙 다양하고 특색 있어서 장미, 게, 고리, 부메랑, 옥수수, 붉은 거미, 고양이 눈 등 친숙한 이름이 붙기도 하지요. 오늘날 이 모습을 관측해 촬영한 사진들은 천체 사진 중에서도 가장 아름답고 멋지기로 손꼽힙니다. 옛날에는 이런 흔적을 망원경으로 보면 흐릿하게 퍼진 모양으로 보였는데, 그 모습이 행성과 닮아서 '행성상성운planetary nebula'이라는 이름이 붙었습니다. 하지만 이름과 달리 행성상성운은 행성과는 전혀 관련이 없고 적색거성을 탈출한 물질이 만든 흔적일 뿐입니다. (그림 10)

적색거성이 행성상성운을 만들면서 표면의 물질이 빠져나가고, 중심에서 헬륨을 다 태워버리고 나면 그 이후에는 탄소와 산소가 남습니다. 하지만 태양 질량의 2배 이하인 별들은 체급이 작아 탄소나 산소 핵융합 반응을 일으키지 못합니다. 그러면 다시 중력이 압력을 넘어서면서 중력수축으로 덩치가 작아집니다. 그러다 별 중심의 물질이 아주 빽빽하게 모여서 중력을 겨우 버텨내는 시점이 오는데, 이 상태에 있는 별을 '백색왜성white dwarf'이라고 합니다. 거대한 위용을 뽐내던 적색거성은 사라지고 고작 지구 크기 정도로 홀쭉한 백색왜성이 덩그러니 남은 것이지요.

백색왜성은 이제는 핵융합 반응이라는 심장의 고동이 들리지 않습니다. 안간힘으로 겨우 중력을 버티면서 천천히 식어가는 슬픈 별이라고 할 수 있지요. 한때는 멋진 적색거성의 심장이었지만 이제는 작고 외로운, 진화 마지막 단계의 별입니다. 그래서인지 백색왜성을 대상으로 한 시나 노래들은 보통 쓸쓸하고 음울한 분위기를 풍기곤 합니다. 밴드 넬(NELL)의 대표곡인 '백색왜성'의 가사처럼 말이지요. 무려 8분이 넘는 이 곡을 듣다 보면 우울과 절규가 폭풍같이 메아리치는 느낌을 받곤 합니다. 그래도 바깥쪽의 행성상성운이 잠시 주변을 꽤 화려하게 장식해 주니 그나마 다행이라는 생각이 드네요.

불안정한 헤비급 별들

태양 질량의 약 2배에서 10배 정도 되는 '헤비급' 별들은 태양급 별들과 진화 과정이 크게 다르지는 않습니다. 거성 단계를 거쳐 백색왜성이 되는 과정은 비슷합니다. 다만 체급이 크다 보니 적색거성보다도 수십 배 이상 더 팽창하여 '적색초거성red supergiant'에 이르기도 합니다.

헤비급 별들은 태양급 별보다 불안정해서 표면이 팽창과 수축을 반복하는 경우가 많습니다. 별의 팽창과 수축은 곧 별의 크기와 온도의 변화를 의미합니다. 그러면 겉으로 보기에는 별의 밝기가 바뀌는 것처럼 보이지요. 그래서 이들을 '(맥동)변광성 pulsating variable star'이라고 부릅니다. 변광성은 주기적으로 밝기가 변하는 경우가 많아 천문학 연구에서 아주 중요한 역할을 합니다. 바로 변광성의 밝기가 변하는 주기를 관찰하면 그 변광성까지의 거리를 알 수 있다는 점에서지요. 자세한 이야기는 4장에서 더 풀어서 하겠습니다.

크기와 질량이 큰 변광성이 며칠 사이로 팽창과 수축을 반복하다 보면 표면에 있던 물질들은 더욱 탈출하기가 쉬워집니다. 적색거성에서 물질들이 탈출하며 백색왜성과 행성상성운을 만들었던 것처럼, 헤비급 별들도 변광성 상태에 머물다가 어마어마한 양의 물질들을 우주 공간으로 내뿜습니다. 이때 내뿜는 물질들의 흐름을 바람에 비유해 '항성풍stellar winds'이라고 부르지요. 사실 항성풍은 모든 별에서 다 나오지만, 헤비급 이상의 별들은 항성풍이 매우 강합니다. 항성풍으로 많은 양의 물질들이 별 밖으로 빠져나가고 나면 최후는 탄소와 산소로 창백하게 빛나는 백색왜성이 됩니다. 결국은 태양급 별들과 마찬가지로 백색왜성 엔딩이 되어버린 것이지요. 물론 헤비급 별들 주변에도 행성상성운이 당분간 꽃을 피워주어 그나마 덜 쓸쓸해 보이는 것 또한 마찬가지입니다.

폭발적인 에너지, 슈퍼헤비급 별들

태양 질량의 약 10배 이상 되는 별들은 중심핵 온도가 약 10억 도에 이릅니다. 이제는 헬륨이 타고 남은 탄소와 산소까지도 핵융합 반응의 연료로 사용할 수 있습니다. 그리고 탄소와 산소를 다 쓰고 나면 더 무거운 원소들(네온, 마그네슘, 규소, 황 등)까지 땔감으로 이용하지요. 이렇게 핵융합 반응이 연속되면서 별은 크기가 아주 큰 적색초거성이 되거나, 온도가 좀 더 높으면 청색초거성 blue supergiant이 되기도 합니다. 겨울철 오리온자리의 두 1등성인 베텔게우스와 리겔도 각각 슈퍼헤비급 적색초거성과 청색초거성에 해당합니다.

슈퍼헤비급 별에서 핵융합 반응의 최종 원소는 철입니다. 아무리 고온 고압 환경의 슈퍼헤비급 별이라도 철보다 더 무거운 원소까지 태우기에는 에너지가 부족하기 때문입니다. 그래서 핵융합 반응의 최종 단계에 있는 슈퍼헤비급 별은 중심에서부터 철, 규소, 황, 마그네슘, 네온 등 원소들이 겹겹이 쌓인 구조를 지니게 됩니다. 마치 지층이 쌓인 것처럼 말이지요.

철 이후에는 핵융합 반응을 일으킬 수 없다 보니 슈퍼헤비급 별도 철이 만들어진 뒤부터는 중력수축을 시작합니다. 앞서 핵융합 반응이 중단된 별들은 항상 중력과 내부 압력의 싸움에서 중력이 이기며 변화를 겪었지요. 그런데 이제는 중력수축으로 온도가 높아져도 더는 다음 단계의 핵융합 반응이 일어나지 못합니다. 그러면 별은 중력과 내부 압력이 균형을 이루도록 하는 '자가 조절 시스템'이 완전히 무너진 상태로 중력 붕괴하기 시작합니다. 이때 별 전체가 한 번에 붕괴하면서 엄청난 빛과 열에너지가 쏟아져 나옵니다. 이 별을 겉으로 보면 새로운 별이 탄생한 것처럼 보여서 '초신성超新星,supernova'이라는 이름으로 부르는데, 사실은 별이 일생의 최후를 맞으며 내지르는 비명과도 같다고 볼 수 있습니다.

초신성은 매우 밝습니다. 하나의 무거운 별이 폭발했을 뿐인데 수천억 개의 별이 모인 은하 하나와 맞먹을 정도로 굉장히 밝게 보입니다. 망원경이 없었던 시기에도 우리은하 안에서 나타난 초신성을 관측한 기록은 우리나라를 포함한 세계 곳곳에서 찾아볼 수 있을 정도입니다. 낮과 밤을 가리지 않고 하늘에서 빛나는 게 보이니까요. 대표적인 예로 11세기 초에 우리은하 안에서 폭발한 초신성이 전 세계에서 관측되기도 했는데, 그 폭발의 잔해가 게 성운(M1)입니다. (그림 11)

초신성이 터지고 나면 바깥 부분은 모두 날아가 버리고 중심에 있는 아주 빽빽한 핵 부분만 남습니다. 날아간 물질들은 '초신성 잔해supernova remnants'를 이루면서 아름답게 빛나기도 하는데 원리는 행성상성운과 비슷합니다. 이 잔해 성운도 독특하고 멋진 모양을 많이 만들어내기로 유명하지요. 한편 남아 있는 조그마한 중심핵 부분은 원자를 구성하는 양성자, 중성자, 전자가 매우 다닥다닥 붙어 있는 '중성자별neutron stars'이 됩니다. 중성자별은 지름이 채 30km도 안 될 만큼 아주 작지만, 태양보다 2배 이상 무거울 정도로 엄청난 밀도를 자랑합니다. 중성자별도 백색왜성처럼 입자들이 빽빽하게 뭉쳐서 가까스로 중력을 버텨내는 별입니다. 이런 중성자별보다도 질량이 더 커져버리면 결국 별의 입장에서는 중력에 대항할 수 있는 최후의 수단마저 사라지는 셈이지요. 그러면 빛조차 빠져나오지 못하는 중력의 그림자, '블랙홀'이 됩니다.

있는 듯 없는 듯하지만 우주를 빼곡하게 메운 적색왜성, 우리 이웃의 미래를 알려주는 쓸쓸한 백색왜성과 화려한 행성상성운, 듬직한 적색거성과 초거성, 두근두근 불안정한 변광성, 그리고 최후를 알리는 화려한 폭죽 초신성까지. 별의 다이나믹한 일생은 모두 별의 질량에 따라 좌우됩니다. 결국 별에 작용하는 중력이 얼마나 강한가가 별의 일생을 결정지을 정도로 중요한 요소가 되는 것이지요. 어쩌면 별의 일생은 중력과 싸우는 과정이라고 볼 수 있겠습니다.

별은 우주의 중원소
합성 공장

별이 만들어내는 우주의 나이테, 중원소

별의 일생은 가벼운 원소에서 무거운 원소를 만들어내는 핵융합 단계에 따라 진화합니다. 이때 만들어지는 중重원소는 별이 중력과 평생 투쟁하며 남긴 파편입니다. 우주를 구성하는 99%의 수소(약 75%)와 헬륨(약 24%)을 제외한 나머지 1%의 탄소, 산소, 질소 등의 중원소는 거의 모두가 별의 중심에서 핵융합 반응을 통해 생겨났습니다.

중원소는 특히 태양 질량의 10배가 넘는 무거운 별의 중심에서 합성됩니다. 무거운 별은 강한 항성풍이나 초신성 폭발을 통해 중심에 쌓인 중원소를 우주 공간에 퍼뜨리는 역할을 하지요. 이렇게 별 바깥의 우주로 나온 중원소가 다시 가벼운 원소들로 깨지는 일은 그리 흔하지 않습니다. 결국 중원소는 드넓은 우주 여기저기를 여행하며 떠돌다가 다시 다른 천체를 만드는 재료로 재활용됩니다. 성간구름이나 거대 분자운을 구성하기도 하고, 그 속에서 새로운 세대의 별이나 행성을 만드는 데 들어가기도 하지요.

이런 순환 과정을 반복하면 할수록 중원소가 쌓이고, 그 과정에서 만들어진 별이나 성간물질의 중원소 함량은 점점 높아집니다. 미세먼지를 통해 우리 몸에 들어온 중금속이 몸 안에서 분해되거나 밖으로 배출되지 못해서 몸에 중금속이 점점 쌓여가는 것과 비슷한 원리라고 할 수 있습니다. 그래서 100억 년 전에 태어난 별의 중원소 함량과 지금 막 만들어진 별의 중원소 함량은 차이를 보일 수밖에 없습니다. 시간이 지날수록 중원소의 양은 누적되기 때문에 최근에 생성된 별일수록 중원소 함량이 높아집니다. 즉, 중원소 함량이 별의 탄생 시기를 보여주는 지표가 된다는 말이지요.

천문학자들은 이 사실을 이용해 별과 성간물질, 또는 행성들의 중원소 함량을 연구합니다. 별의 중원소 함량을 측정하면 그 별이 대충 몇 '세대'쯤 되는 별인지 짐작할 수 있고, 그 별 주변의 행성이 언제쯤 생겨났는지 추측할 수 있기 때문입니다. 앞서 별의 색깔을 통해 별의 나이를 대략 알 수 있다는 이야기를 한 적이 있는데, 중원소 함량 또한 별의 성질을 더 자세히 분석하기 위해 구하는 또 하나의 지표가 되는 것이지요. 나무가 해마다 나이테를 새기는 것처럼, 별에서 나온 중원소 역시 시간이 흐르면서 우주에 나이테를 새긴다고 할 수 있겠습니다.

별에서 온 그대, 다시 별로 돌아가리라!

중원소는 우주 여기저기를 떠돌아다니기 때문에 우리의 존재와도 무관하지 않습니다. 지구의 모든 생명체는 탄소C를 기본으로 하는 탄소화합물로 이루어져 있고, 질소N와 산소O가 대부분을 차지하는 공기 속에서 숨을 쉬며, 호흡기로 들어온 산소는 철Fe을 포함한 적혈구의 헤모글로빈으로 운반됩니다. 규소Si를 포함한 재료로 지어진 집, 과거 도시의 밤을 밝혔던 네온Ne사인, 손에 끼워진 금Au반지, 이제는 현대인의 일상과 떼어놓을 수 없는 전자기기 부품인 반도체의 규소Si와 게르마늄Ge 등. 모두 별에서 온 무거운 원소들이지요.

탄소와 산소, 질소 등의 원소들은 주로 태양과 비슷한 별의 중심부에서 만들어집니다. 정확히 말하면 주계열성에서 진화한 적색거성이 중심부에서 헬륨을 태우면서 만들어내지요. 그리고 네온, 규소, 철처럼 더 무거운 원소들 역시 태양 질량의 10배가 넘는 헤비급 혹은 슈퍼헤비급 별의 중심에서 빠르게 합성됩니다. 철보다 더 무거운 금이나 우라늄 같은 원소들은 초신성이 폭발하는 순간 엄청난 고온의 에너지를 받아서 만들어집니다.

우리가 당연한 듯 지구에서 쓰던 물질들이 사실은 과거 우주 어딘가에 있었을 고온 고압의 중원소 합성 공장에서 온 파편인 셈입니다. 그래서 칼 세이건은《코스모스》에서 '별은 우주의 부엌'이라고 표현하기도 했습니다. 처음에는 수소라는 가벼운 재료로 무거운 헬륨을 만들고, 다시 그 헬륨을 재료로 탄소와 산소 등 더 무거운 원소를 만들어내기 때문이지요. 별은 핵융합이라는 조리법으로 우리가 살아 숨 쉬는 세상을 만든 요리사라고 이야기할 수도 있겠습니다. 언젠가 우리가 살던 지구가 사라져도 그 파편은 남아서 우주를 떠돌 것이고, 또 어딘가에서 찬란한 생명의 빛을 내뿜게 될지도 모르지요. 이렇게 생각하면 비로소 우리가 우주와 연결된 듯한 느낌을 받습니다.

별들의 모임, 성단

성단은 별의 대가족

허블 우주 망원경은 칠흑 같은 우주에서 별들이 옹기종기 모여 있는 모습을 보기에 아주 좋은 망원경입니다. 우주에 있는 망원경은 지구 대기의 영향을 받지 않아서 해상도가 매우 높기 때문입니다. 덕분에 멀리 있는 천체의 별 하나하나까지도 분해해서 보여주지요. 그래서 허블 우주 망원경 사진들을 보면 마치 보석을 모아놓은 듯 다채로운 색깔로 빛나는 별들의 모임을 볼 수 있습니다. 그중 대부분은 '성단星團'이라고 불리는 별의 대가족 집단이지요. 대개 성단은 크기가 약 수십 광년에 달하며 별들이 수백 개에서 많게는 수백만 개까지 모여 있습니다. 대표적인 예로 겨울철 밤하늘에서 맨눈으로도 보이는 푸른 플레이아데스성단이나, 페가수스자리에 있는 둥근 모양의 성단 메시에 15(M15), 색깔별로 찬란하게 빛나는 오메가 센타우리 등이 있습니다.

성단은 우주에 떠도는 별들이 어쩌다가 우연히 모여서 만들어진 천체가 아니라 그야말로 가족과도 같은 집단입니다. 별은 거대한 성간 분자 구름이 중력수축을 겪으면서 만들어집니다. 이때 별의 재료가 되는 성간 구름은 보통 수십 광년에 달하는 거대한 크기를 지닙니다. 성간 구름의 크기가 별 하나보다 약 수천만 배 이상은 더 큰 셈이지요. 그래서 성간 구름이 수축할 때 많은 별이 동시에 생겨날 수 있습니다. 이 별들이 서로 중력으로 묶여 집단을 이루면 성단이 되지요. 그래서 한 성단에 속한 별들은 나이나 중원소 함량 등의 성질이 비슷한 경우가 많습니다. 옹기종기 모여 있다는 점에서도, 서로 어느 정도 닮아 있다는 점에서도 성단은 별의 대가족이라고 할 만합니다. 그리고 이러한 별의 대가족도 각각의 별의 일생만큼이나 다양한 모습을 보여줍니다. 종류를 구분하자면 성단은 크게 두 가지로 나눌 수 있습니다.

우주의 맏형님, 구상성단

성단들의 사진을 보다 보면 공 모양으로 둥글게 모인 성단들을 볼 수 있습니다. 사실 어떤 물질이든 중력으로 뭉쳤다면 지구처럼 둥근 모양을 보이는 것이 자연스럽지요. 이렇게 공 모양으로 생긴 성단을 '구상성단球狀星團'이라고 부릅니다. 허블 우주 망원경 이미지를 찾아보면 아주 많은 종류의 구상성단 사진을 찾아볼 수 있습니다. 지구와 가까운 구상성단들은 그 안의 별들까지도 낱낱이 보일 정도로 고화질로도 찍을 수 있지요. 메시에 54(M54)나 오메가 센타우리와 같은 구상성단들의 사진을 보면 아주 많은 별이 휘황찬란하게 빛나며 우주 공간을 빼곡히 메우고 있습니다. 각각의 별들이 모두 태양 혹은 태양보다 더 밝은 별이라 생각하면 가끔 정신이 아득해지기도 합니다. (그림 12)

구상성단에는 약 수십만 개 이상의 별들이 오밀조밀하게 모여 있습니다. 먼 과거에 거대한 성간 구름이 수축하면서 이렇게 많은 별을 만들어냈지요. 하지만 세월이 많이 흘러서 지금은 구상성단 주변에서 성간 구름의 흔적을 찾아볼 수가 없습니다. 구상성단은 이미 나이가 꽤 많다는 뜻이지요. 눈으로 보이는 구상성단의 이미지에서도 붉은색을 띠는 늙은 별들이 많다는 사실을 확인할 수 있습니다. 실제로 관측을 통해 구상성단의 나이를 구해보면 평균적으로 약 100억 년이 나옵니다. 우주의 나이가 138억 년임을 떠올려 보면 우주에서도 구상성단은 꽤 연장자에 해당하는 셈입니다.

그래서 구상성단은 우주의 진화를 연구하는 데 중요한 단서

가 됩니다. 밤하늘에서 보이는 웬만한 별들보다도 더 오래 살아왔기 때문이지요. 게다가 구상성단은 수십 광년의 크기에 엄청난 수의 별들이 몰려 있어서 밝기가 꽤 밝습니다. 거리를 동일하게 놓고 본다면 태양보다도 수십만 배 이상 밝습니다. 그래서 우리은하뿐만 아니라 외부은하에 있는 구상성단까지도 망원경으로 관측할 수 있습니다. 우리은하의 크기는 약 10만 광년인데, 구상성단은 수천만 광년 밖에 있는 은하에서도 관측되곤 합니다. 물론 그렇게 먼 거리에서는 별 하나하나가 분해되어 보이지는 않고 별과 비슷하게 점으로 보이긴 하지요. 그래도 천문학자들은 여러 방법을 이용하여 별과 외부은하의 구상성단을 구분해 냅니다. 우리은하의 구상성단과 외부은하의 구상성단을 서로 비교하는 일은 지금도 천문학자들에게 아주 흥미로운 연구 주제입니다. 구상성단은 은하나 환경에 따라 조금씩 다른 성질을 보여주기도 하니까요. 그래서 제가 속한 연구실에서는 가장 많은 선후배 연구자들이 학위 주제로 구상성단을 선택하기도 했습니다. 한마디로 우주의 비밀을 품고 있는 맏형님 격의 천체라고 할 수 있겠습니다.

성운에서 갓 태어난 신세대, 산개성단

구상성단처럼 똘똘 뭉쳐 있지 않고 별들이 듬성듬성 분포해서 어딘가 허술해 보이는 성단들도 있습니다. 이런 성단들은 별이

흩어져 분포하고 있다는 의미에서 '산개성단散開星團'이라고 부릅니다. 우리 눈에 가장 잘 보이는 산개성단은 역시 황소자리의 히아데스성단과 '좀생이별'이라고도 불리는 플레이아데스성단입니다. 둘 다 겨울철 밤하늘에서 볼 수 있습니다. 오리온자리의 중심에 있는 세 개의 삼태성을 이어서 쭉 위로 시선을 올리면 황소자리가 보이는데, 히아데스성단은 황소자리의 머리 부분에서 마치 뿔처럼 이어져 보입니다. 플레이아데스성단은 같은 방향으로 더 올라가면 푸르고 흐릿한 형체로 보이지요. 여담이지만 플레이아데스성단은 눈에 완전히 초점을 맞추어 보기보다는 성단에서 조금 떨어진 곳에 초점을 맞춰서 볼 때가 더 잘 보입니다. 이는 우리 눈의 구조 때문에 생기는 현상으로, 눈에서 초점이 맺히는 부분은 어두운 빛에 잘 반응하지 못하기 때문입니다.

아무튼 산개성단은 히아데스성단이나 플레이아데스성단처럼 적은 개수의 별들이 느슨하게 묶여 있습니다. 구상성단이 수십만 개 이상의 별들로 구성되어 있다면, 산개성단에는 많아 봐야 수천 개 정도의 별밖에 없습니다. 그리고 플레이아데스성단처럼 종종 푸른 별들이 보이기 때문에 그만큼 어린 별이 많다는 사실을 알 수 있습니다. 푸른 별이라고는 전혀 찾아볼 수 없는 구상성단과는 겉보기에도 완전히 달라 보이지요. 게다가 산개성단은 별이 태어난 지 얼마 되지 않았기에 주변에 성간가스나 먼지가 짙은 구름(성운)처럼 보이는 경우가 많습니다. 아주 거대한 성간 구름이 곳곳에 산개성단을 품고 있기도 하지요. 대표적인 예로 남반구 하늘에서 보이는 용골자리 성운과 거기에 속해 있는 수많은 산개성단을 들 수 있습니다. 마치 갓난아이에게 탯줄이 달린 것처럼, 막 태어나 빛을 내뿜는 산개성단의 어린 별 가까이에도 성운이 함께 하지요. (그림 13)

산개성단은 이처럼 성간 먼지나 가스 가까이에 있다 보니 별빛이 가려질 때가 많습니다. 그래서 산개성단은 수십만 광년 안에 있는 은하들 외에는 관측하기가 힘듭니다. 우리은하에 있어도 별빛을 가리는 먼지 때문에 발견하지 못하는 경우도 많습니다. 수천만 광년, 멀리는 수십억 광년까지도 관측이 가능한 구상성단에 비하면 초라해 보이기도 하지요. 그래서 산개성단은 발견하는 일 자체만으로도 천문학자들의 주요 연구 목표가 되곤 합니다. 최근에는 '가이아Gaia'라는 우주 위성을 통해 우리은하에 있는 새로운 산개성단들이 많이 발견되고 있지요. 가이아 위성에 대해서는 앞으로 또 자세히 이야기하겠습니다.

성단 연구를 위한 돋보기, 색-등급도

구상성단이든 산개성단이든 성단은 대체로 비슷한 나이와 중원소 함량을 지닌 별들이 모여 있습니다. 하지만 그렇다고 한 성단에 속한 별들이 모두 판박이처럼 같은 성질을 지닌 것은 아닙니다. 별마다 질량은 다르기 때문입니다. 그래서 성단에는 비슷한 세대의 별들이 질량에 따라 각기 다르게 진화한 모습을 보여줍니다. 어떤 별은 적색거성이 되어 있기도 하고, 어떤 별은 이미 쓸쓸한 백색왜성으로 진화해 있기도 하며, 또 어떤 별은 아직 수소를 태우는 주계열성에 머물러 있기도 합니다.

이렇게 성단 안의 별들을 연구하기 위해 천문학자들이 가장 중요하게 참고하는 그림이 바로 '색-등급도'입니다. 가로축이 별의 색깔, 그리고 세로축은 별의 밝기 등급으로 이루어지는 이 그림은 성단에 어떤 종류의 별들이 분포하는지 한눈에 알기 쉽게 보여주지요. 천문학자들은 색-등급도를 이용하여 주계열성, 적색왜성, 적색거성, 청색거성, 초거성, 백색왜성 등 별의 종류를 모두 분류합니다. 그래서 관측하는 대학원생이 연구하면서 가장 많이 그려보는 그림도 색-등급도이지요.

그림 14는 제가 그려본 구상성단 NGC288과 산개성단 NGC 3572의 색-등급도입니다. 별은 대부분의 일생을 주계열성 단계에서 보내므로 색-등급도에서도 많은 별들이 빽빽하게 그래프를 채우고 있는 곳은 주계열성의 영역입니다. 주계열성보다 더 밝은 별들을 보면 두 성단의 색-등급도는 확연한 차이를 보이지요. 구상성단은 나이가 많다 보니 별의 진화에 따른 다양한 모습을 보여주는 반면, 산개성단은 아직 젊어서 대부분의 별들이 주계열성

단계에 머물러 있습니다. 구상성단의 색-등급도에는 밝은 별들이 신기할 정도로 좁은 가지 모양을 그리며 붉은 색깔 쪽으로 뻗어 있습니다. 주계열성에서 적색거성으로 진화하는 별들의 모임이지요. 천문학자들은 이 영역을 '적색거성가지red giant branch'라고 부릅니다. 구상성단이나 은하에 속한 별의 색-등급도에서 이런 적색거성가지는 공통적으로 나타나는 특징입니다. 그리고 적색거성가지에서 좀 더 왼쪽(푸른색)을 보면 또 한 무리의 별들이 모여 있는 걸 볼 수 있는데, 이는 '수평가지horizontal branch'라고 부르지요. 적색거성에서 헬륨 핵융합이 일어나면서 온도가 높아진 별들이 모여 수평가지 모양을 만들어내는 것입니다. 이러한 가지 모양들은 모두 별의 진화에 의해 나타납니다. 그러니 산개성단의 색-등급도보다 구상성단의 색-등급도에서 훨씬 더 잘 보이는 것이지요. 이런 색-등급도에 알려진 항성 진화 모델까지 적용하면 성단의 나이, 중원소 함량, 질량, 성간먼지가 빛을 가리는 정도 등 더 많은 것까지 알아낼 수 있습니다. 천문학자들에게 색-등급도는 성단 연구를 위해서 별들이 차려준 밥상과도 같다는 느낌도 듭니다.

4장

은하는 어떤 모습으로
우주를 수놓았나

은하수 가로질러
눈부신 저 너머로

은하수가 흐르는 밤하늘로 초대합니다

가수 치즈가 2017년에 발매한 'Be there'라는 곡에는 노랫말에 은하수가 등장합니다. 보고 싶은 사람이 너무 멀리 있어 볼 수가 없으니 밤하늘 은하수로 와달라고 이야기하지요. 은하수 너머에 있는 상대를 향한 애절한 마음이 느껴집니다. 그러면서도 슬프고 무거운 분위기가 아니라 통통 튀고 귀여운 느낌으로 전달하는 재즈곡이라 한동안 저의 플레이리스트에도 자리하고 있었습니다. 개인적으로 치즈 씨의 팬이기도 하고, 밤하늘 은하수로 와달라는 가사가 한층 더 몽환적인 느낌을 줘서 무척 마음에 들었습니다.

치즈의 'Be there'는 사실 일본의 1인 뮤지션 오하시트리오의

'Be there'를 리메이크한 곡입니다. 원곡의 노랫말도 흥미롭지요.

원곡의 영어 노랫말에는 '은하수'에 해당하는 단어인 'Milky Way'가 없습니다. 대신 'stardust'라는 단어로 표현되어 있지요. 여기서 'stardust'는 말 그대로 별과 별 사이에 있는 먼지들, 그러니까 성간물질을 의미합니다. 별을 가리는 뿌연 먼지 너머 눈부신 곳으로 당신과 함께 가고 싶다는 이야기입니다. 이걸 곡을 리메이크하는 과정에서 '은하수로 와달라'는 가사로 녹여냈습니다. 눈부신 별과 뿌연 성간물질이 한데 뒤섞여 은하수를 이룬다는 사실이 이렇게 느낌 있는 가사 번역에서도 다시 한번 보이지 않나요?

은하수를 만난 적이 있나요? 불빛 없는 한적한 시골 밤하늘을 보고 있으면 반짝반짝 쏟아지는 별빛도 아름답지만, 그 사이를 흐르는 은하수의 그림자를 느낄 때가 있습니다. 그럴 땐 마치 우주 한가운데 붕 떠서 날아갈 듯한 기분을 느끼지요. 대학교에 오기 전까지 시골에서 살았던 저는 여름이 되면 집 앞마당에서 은하수를 만날 기회가 많았습니다. 처음에는 별자리 책에 나오는 별들의 위치를 찾기 바빴지만, 여름철 견우성과 직녀성 사이를 흐르는 뿌연 무리를 보고 나니 그다음부터는 항상 은하수를 찾게 되었지요. 학부생 때 친구들과 여행을 떠났던 그리스 산토리니섬의 밤하늘도 생각납니다. 장엄하게 흐르는 은하수를 보며 누워서 도란도란 이야기를 나눴지요. 정말 환상적인 분위기였습니다. 아쉽게도 요즘 도시의 밤하늘에서 은하수를 찾기란 꿈 같은 일입니다.

은하수는 지구와 태양계가 속해 있는 거대한 우리은하의 단면입니다. 우리은하는 수천억 개의 별과 성단, 성운 등이 함께 움직이는 커다란 공동체이지요. 지구와 태양계는 은하수의 중심으로부터 약 2만 5천 광년 떨어져 있습니다. 지구가 태양을 중심으로 공전하는 것처럼, 태양 또한 은하 중심을 공전하고 있지요. 우리는 이 거대한 별의 바다에 섞여서 은하수를 함께 헤엄치고 있습니다.

그래서 은하수를 보면 우주의 거대함을 맨눈으로도 느낄 수 있습니다. 우리 눈에 보이는 별이나 행성들은 사실은 은하수에 비하면 아주 가까이 있는 천체들이지요. 맨눈으로 은하수를 봐도 우주가 별로만 이루어져 있지는 않다는 사실을 알 수 있습니다. 사람들은 은하수가 보여주는 우리은하를 관측하면서 별과 행성을 벗어나 더 넓은 우주를 볼 수 있게 되었습니다.

아이러니하게도 우리는 우리은하가 어떻게 생겼는지 정확히 알 수 없습니다. 내 방 안에서 우리 집이 어떻게 생겼는지 제대로 볼 수 없는 것처럼, 우리도 은하수의 흐름에 직접 섞여 움직이고 있으므로 우리은하가 어떤 모양인지 보지 못합니다. 그래서 그 단면으로만 뿌옇게 보이는 것이 은하수이지요. 먼 미래에 우주 공간을 아주 빠르게 이동할 수 있는 기술이 발전해서 우리은하 밖으로 나가지 않는 한, 우리는 영원히 우리은하의 '셀카'를 얻을 수 없을 겁니다.

하지만 방 안에 있더라도 우리 집에 기둥이 어디 어디 있고, 창문은 어떻게 생겼으며, 집이 기와집인지 초가집인지 아파트인지 정도는 알 수 있습니다. 은하수를 자세히 관찰해 보면 우리은하에 대한 몇 가지 사실을 알 수 있지요. 먼저 우리은하가 납작한 원반 모양을 띠고 있다는 것입니다. (그림 15) 은하수는 별들 사이를 좁은 띠 모양으로 흐르는 듯이 보입니다. 그 말은 곧 우리은하가 지구나 태양처럼 동그란 형태로 생기지 않았다는 뜻입니다. 만약 우리은하에 있는 수천억 개의 별들이 둥근 모양으로 뭉쳐 있다면, 은하수는 지구의 밤하늘에서도 모든 방향으로 다 퍼져 있는 듯이 보여야 할 테니까요. 그리고 은하수에는 별빛뿐만 아니라 뭔가가 거뭇거뭇하게 빛을 가리고 있는 모습도 함께 보입니다. 그곳은 우리은하의 성간물질이 별빛을 가리고 있는 지역이지요. 성간물질이 중력으로 둥글게 뭉치면 별이 만들어진다는 사실은 3장에서 이야기했습니다. 그런데 이렇게 별빛이 가려진 곳이 많다는 건, 성간물질이 뭉쳐서 별이 되지 못하고 그저 별빛을 가리는 먼지로 존재하는 경우가 많다는 뜻이기도 합니다. 실제로 우리은하에는 빛나는 별보다도 별을 만들지 못하고 우주를 둥둥 떠다니는 성간물질이 더 많습니다. 오하시트리오의 'Be there'에서 나왔던 'stardust'의 정체이지요.

밤하늘 은하수는 이렇게 복잡하고 다양한 물질로 뒤섞인 거대한 흐름입니다. 이런 사실을 알고 은하수를 만나면 우주에서 우리의 위치가 좀 더 새롭게 다가오지 않을까요? 올여름에는 그렇게 다시 한번 은하수를 새롭게 만나는 시간을 맞을 수 있기를 바랍니다.

은하수에 펼쳐진 줄자

은하수에 대한 단순한 감상을 넘어서 은하수가 보여주는 우리은하에 대해 제대로 알기 위해서는 '숫자'가 필요합니다. 우리은하가 별을 얼마나 많이 포함하고 있고, 그 크기는 어느 정도이며, 전체 무게는 얼마나 무거운지 등을 자세한 숫자로 알아낼 수 있어야 하지요. 만약 이런 측정이 전혀 없이 멋진 은하수를 그저 눈으로 보기만 한다면, 방 안에서 우리 집의 크기나 넓이, 전체 구조 등을 알 기회를 모두 놓치는 셈입니다. 모든 과학은 이렇게 숫자를 파악하는 데서 시작하기 마련입니다.

우리은하를 제대로 보기 위해서는 은하수에 있는 천체까지의 거리를 잴 수 있는 '줄자'가 필요합니다. 그래야 우리은하에 있는 별들이 실제로 얼마나 떨어져 있는지를 알아내서 우리은하의 구조를 입체적으로 파악할 수 있겠지요. 우리은하뿐만 아니라 천문학 전반에서도 거리 측정 줄자는 아주 중요합니다. 만약 거리 측정 방법이 하루아침에 크게 바뀐다면, 저를 포함한 모든 관측천문학자는 자신의 논문에 있는 값을 모조리 수정해야 할 겁니다. 그만큼 우주의 줄자는 은하수 안에서 우리은하를 알기 위해 가장 중요한 도구이며, 더 나아가 우리은하 밖 '외부은하'의 존재까지 알게 해줍니다. 언제나 우리가 우주의 중심이라고 생각해 왔던 낡은 우주관을 무너뜨린 일등 공신이라 할만하지요.

지구의 움직임을 이용한 것이 가장 기본적으로 쓰이는 거리 측정 방법입니다. 지구는 1년마다 태양 주위를 한 바퀴씩 돌지만 먼 거리에 있는 별은 그렇지 않지요. 그러면 지구에서 보는 우리에게는 별이 1년을 주기로 한 바퀴 이동하는 것처럼 보입니다. 집 앞마당에 나무 한 그루가 있다고 하면, 그 나무를 거실 창문에서 봤을 때와 안방 창문에서 봤을 때 나무의 위치가 달라 보이는 것과 같습니다. 이때 만약 나무가 가까이 있다면 위치가 크게 달라 보일 것이고, 멀리 있다면 비교적 위치가 적게 달라 보이겠지요. 이 방법을 이용해 별까지의 거리도 측정할 수 있습니다. 이 방법은 지구의 공전 주기를 기준으로 시간을 두고 관측해야 하므로 '연주시차'라고 불립니다.

연주시차 방법은 거리를 측정하기에 가장 단순하면서도 정확한 방법입니다. 원리도 아주 쉽고 간단하지요. 그래서 천문학자들은 연주시차 방법을 이용해 측정한 거리를 하나의 단위로 삼았습니다. 지구가 태양을 공전하면서 본 별의 연주시차가 각도로 1각초(3600분의 1도)일 때, 그 별까지의 거리를 '1파섹'이라고 정의합니다. 1파섹은 약 3.26광년에 해당하는 거리입니다. 파섹 단위는 관측적으로 정의하기가 쉽고 계산도 간단하기 때문에 거의 모든 천문학자는 광년이 아니라 파섹을 거리의 기본 단위로 씁니다. 만약 천문학을 전공하는 학생이 선배 박사님이나 지도 교수님 앞에서 파섹 단위가 아닌 광년 단위를 입에 담으면 반드시 야단을 맞게 될 겁니다. 실제 연구를 할 때는 다른 학자의 선행 연구와 비교하는 일도 중요한데, 아무도 논문에서 광년 단위를 쓰지 않기 때문이지요.

연주시차 방법은 거리 측정의 가장 기본적인 줄자이지만 실제로 이 방법을 이용해 거리를 측정하기란 그리 쉬운 일이 아닙니다. 지구가 태양을 한 바퀴 공전해야 하니 관측하는 데 최소 몇 개월이 걸리고, 수천 분의 1도 정도인 연주시차 각도를 측정해야 하니 정밀한 관측 기술이 필요합니다. 만약 지상에서 관측할 때는 지구 대기가 가만히 있지 않으니 별의 모양은 더 흐트러지는데, 이 또한 연주시차 방법을 사용할 때 큰 방해가 됩니다. 그래서 최근에는 우주로 관측 위성을 쏘아 올려 연주시차를 측정합니다. 2013년 유럽 우주국에서 발사한 가이아 위성은 1만 광년 너머의 별도 연주시차로 거리를 잴 수 있습니다.

하지만 여전히 연주시차 방법만으로는 우리은하 전체 모습을 알기에 한계가 많습니다. 더 나아가 우리은하 밖의 세계를 보기에는 턱없이 부족하지요. 그래서 천문학에는 더 길고 튼튼한 줄자가 필요했습니다. 그래서 천문학자들은 오랫동안 관측 데이터와 씨름하면서 믿을만한 거리 측정법들을 수십 가지 넘게 찾아 냈습니다.

그중에서도 '세페이드 변광성' 거리 측정법은 천문학 역사에 가장 큰 획을 그었던 줄자입니다. 세페이드 변광성은 태양의 약 5배 이상인 헤비급 질량을 갖고 있으며, 적색거성이나 초거성 정도 되는 별입니다. 주로 젊은 별들이 많이 태어난 지역이나 성단에 함께 있지요. 3장에서 언급했듯이, 변광성은 별의 상태가 불안정해서 밝아지고 어두워지기를 반복하는 별입니다. 그런데 세페이드 변광성은 밝기가 변하는 주기가 그 별의 절대 밝기와 밀접한 상관관계를 보이고 있었습니다. 천체의 '절대 밝기'란 천체로부터 10파섹의 거리만큼 떨어져 있을 때 보이는 천체의 밝기인데, 거리를 10파섹으로 고정했기 때문에 천체의 고유한 밝기를 나타냅니다. 그러니 어떤 세페이드 변광성의 절대 밝기를 안다면, 그 별을 지구에서 봤을 때 겉보기 밝기와 얼마나 차이가 나는지를 비교하여 별까지 거리를 구할 수 있습니다.

1912년, 미국 천문학자 헨리에타 리비트는 세페이드 변광성의 변광 주기와 절대 밝기 사이에 연관성이 있다는 논문을 발표하였습니다. 세페이드 변광성의 변광 주기가 길어질수록(밝기가 천천히 변할수록) 절대 밝기가 밝다는 것이었지요. 이후 1910년대 중반에는 다른 천문학자들도 리비트의 상관관계와 연주시차 방법을 이용해 세페이드 변광성까지의 거리를 구하는 방법을 정리하였지요. 세페이드 변광성은 변광 주기가 수십 일 정도밖에 되지 않습니다. 그러니 그 주기를 볼 수 있을 정도만 관측하면 그 별의 절대 밝기와 거리까지 구할 수 있으므로 연주시차 방법보다 편리했지요. 더구나 세페이드 변광성은 적색거성 또는 초거성이므로 아주 밝아서 수천만 광년 밖에서도 변광 주기를 관측할 수 있습니다. 세페이드 변광성 방법은 그 시절 천문학자들에게 연주시차 방법보다 훨씬 더 멀리까지 볼 수 있는 새로운 눈을 달아준 것과 마찬가지였습니다. 게다가 이 방법을 발견한 리비트는 당시로서는 아주 드물었던 여성 천문학자였습니다. 천문학에 대한 엄청난 집념과 열정으로 결국 인정을 받아 성별의 벽을 뛰어넘었던 거지요. 그래서 지금도 많은 천문학자의 존경을 받고 있습니다.

세페이드 변광성은 우리은하 원반에 퍼져 있는 젊은 별들과 성단에서 많이 발견되었습니다. 헨리에타 리비트의 발견 이후 거리를 측정한 결과, 우리은하는 전체 지름이 약 10만 광년이며 수천억 개의 별들이 분포하는 거대한 집단이라는 사실이 다시 한번 확인되었지요. 물론 현재는 세페이드 변광성 방법 이외에도 은하수에 펼칠 수 있는 줄자가 여러 가지 있습니다. 이렇게 펼쳐진 줄자들은 서로서로 보완하면서 우리은하의 전체적인 모습을 그려주고 있습니다.

드디어 펼쳐진 은하수 바깥세상

세페이드 변광성 방법은 우리의 시선을 또 한 번 크게 넓혀줬습니다. 우리은하 밖의 세계가 존재하며 우리은하 또한 우주의 중심이 아니라는 명백한 증거를 보여주었기 때문이지요.

사실 우리은하가 우주의 중심이 아니라는 추측은 이미 1920년에도 나온 적이 있었습니다. 당시 미국 천문학자들이었던 할로 섀플리와 히버 커티스는 우리은하가 우주의 중심인지 아닌지에 대해 논쟁을 펼쳤습니다. 천문학 역사에서는 꽤 중요한 토론이었기 때문에 지금도 '섀플리와 커티스의 대논쟁'이라고 불립니다. 섀플리는 우리은하가 우주의 중심이며 우주의 모든 천체를 포함하고 있다고 이야기하였고, 반면 커티스는 우리은하는 우주의 중심이 아니며 밤하늘에 뿌옇게 보이는 성운들은 또 다른 은하라고 주장하였습니다.

이때 논쟁의 중심이 되었던 성운은 '안드로메다 성운'이었습니다. 오늘날에는 메시에 목록 31번(M31) '안드로메다은하'로 알려져 있으며 우리에게 가장 친숙한 외부은하지요. 만약 안드로메다 성운이 우리은하 안에 있다면 섀플리의 주장이 맞을 것이고, 우리은하 밖에 있는 또 다른 은하라면 커티스의 주장이 맞게 되는 겁니다. 우리은하의 크기는 당시에도 10~30만 광년 정도로 대략 알려져 있었으니, 결국 안드로메다 성운까지의 거리가 핵심이 되었습니다. 하지만 당시에는 안드로메다 성운이 우리은하에 속해 있는지 아닌지 판정할 방법이 없었습니다. 그래서 결국 섀플리와 커티스의 논쟁은 그저 의견 대립으로만 끝났지요. 관측으로 안드로메다 성운까지 거리를 잴 수 없었으니 아무런 결론도 내릴 수가 없었습니다.

이런 상황에서 미국 로스앤젤레스의 윌슨산 천문대에서 근무하던 젊은 천문학자 에드윈 허블은 안드로메다 성운에 속해 있는 세페이드 변광성들을 찾아냈습니다. 허블이 관측할 때 쓰던 망원경은 지름 2.5m짜리 후커 망원경Hooker telescope이었는데, 당시로서는 세계 최대의 광학 망원경이었지요. 허블은 당대 최고급 관측 장비를 가지고 안드로메다 성운에 있는 세페이드 변광성 40여 개를 관측하였고, 이를 이용해 안드로메다 성운까지의 거리는 약 90만 광년이라는 결론을 얻었습니다. 이러한 허블의 결과는 1924년 처음 발표되었고, 1929년에 논문으로 출판되었지요. 우리은하의 지름을 생각하면 안드로메다 성운은 우리은하에 속해 있을 수가 없는 천체였습니다.

허블의 연구는 섀플리와 커티스의 대논쟁 이후 불과 5년이 채 지나지 않은 시점에 논쟁에 마침표를 찍어버렸습니다. 커티스의 승리였지요. 우리은하는 우주의 중심이 아니었고, 안드로메다 성운은 또 다른 하나의 '은하'였습니다. 이와 더불어 마젤란 성운, 삼각형자리 성운(메시에 33번), 그리고 메시에 81번 성운 등 안드로메다 성운과 함께 밤하늘에서 뿌옇게 빛나던 성운들도 모두 마찬가지로 각각 다른 은하임이 밝혀졌습니다. '외부은하'의 세계가 활짝 열렸지요. 우주에 펼치는 줄자는 우리 인식의 한계를 계속해서 넓혀온 도구였습니다.

여담으로 몇 가지만 덧붙이겠습니다. 먼저, 섀플리와 커티스의 대논쟁에서 커티스의 주장이 사실 모두 옳았던 것은 아니었습니다. 왜냐하면 섀플리와 달리 커티스는 태양계가 우리은하의 중심에 있다고 주장했기 때문이지요. 두 번째, 안드로메다은하까지의 거리를 처음 측정한 사람은 사실 허블이 아니었습니다. 에스토니아의 천문학자 에른스트 외픽은 1922년 안드로메다은하에 속한 별들이 움직이는 속도를 측정하여 최초로 안드로메다은하까지의 거리를 150만 광년으로 추정하였지요. 그런데 외픽의 출신 국가인 에스토니아가 너무 작은 나라여서 그랬는지, 아니면 이후에 허블이 외픽의 연구를 제대로 인용하지 않아서 그랬는지는 몰라도, 외픽의 연구는 당시 학자들에게 잘 알려지지 않았지요. 하지만 이제는 허블이 혼자서 외부은하 세계를 열었던 게 아니라는 사실을 알아야 합니다. 세 번째, 안드로메다은하까지의 거리는 시간이 흐르면서 250만 광년 정도로 수정되었습니다. 그때 허블이 이용한 세페이드 변광성 거리 측정법에는 약간의 오차가 있었기 때문입니다. 후대 천문학자들이 세페이드 변광성 거리 측정법을 더 정밀하게 보완하면서 안드로메다은하까지의 거리도 수정된 거지요.

천문학의 역사는 이렇게 각자 발견하고 서로 보완하면서 서서히 발전합니다. 그리고 우주는 언제나 우리가 생각했던 것보다 훨씬 더 넓었지요. 외부은하 연구의 역사도 이런 천문학의 발자국에 관한 이야기입니다.

외부은하의 두 줄기, 타원은하와 나선은하

허블이 남겨준 아주 귀찮은 과제

밤하늘에 보였던 정체 모를 뿌연 성운들이 대부분 외부은하였음이 드러나자 이제 수많은 은하의 관측 결과가 쏟아져 나왔습니다. 그 중심에는 허블이 이용했던 후커 망원경이 있었지요. 1917년에 지어졌던 윌슨산 천문대 후커 망원경은 1940년대 후반까지도 세계 최고의 광학 망원경이었습니다. 그동안 허블은 후커 망원경을 이용해 수백 개의 외부은하를 관측하였습니다. 안드로메다 '성운'을 안드로메다 '은하'로 만든 허블은 그렇게 한동안 외부은하 관측천문학 분야에서 주도권을 쥘 수 있었습니다. 그동안 정확한 정보를 알 수 없었던 수많은 성운의 밝기와 거리를 측정하여 그들이 외부은하라는 사실을 밝혀냈지요. 이제껏 우리가 알지 못했던 외부은하들이 관측 이미지로 쏟아져 나오기 시작했습니다.

1926년 허블은 후커 망원경의 관측 자료를 바탕으로 천체물리학저널에 〈외부은하 성운들extra-galactic nebulae〉이라는 제목의 논문을 발표했습니다. 이 논문은 400개 가까운 외부은하들을 관측하여 얻은 밝기, 거리, 모양 등을 정리하여 보여주고 있습니다. 허블은 그 은하들을 모양에 따라 분류하였습니다. 분류 갈래는 크게 네 가지였지요. '타원은하elliptical nebulae', '나선은하normal spirals', '막대나선은하barred spirals', 그리고 '불규칙은하irregular nebulae'입니다.

이름만 들어도 대충 어떻게 생긴 은하인지 감이 오실 겁니다. 타원은하는 둥근 타원 모양으로 생겼고, 나선은하나 막대나선은하는 바람개비 같은 나선구조와 길쭉한 막대구조를 하고 있지요. 그리고 아주 독특하게 생겨서 뭐라고 부르기가 힘든 은하들은 불규칙은하로 분류됩니다. 실제로 허블의 논문에서 보여주는 은하들의 사진도 이 예상과 크게 벗어나지 않습니다. 마치 비슷한 그림 맞추기처럼 분류한 이 기준은 거의 100년이 지난 지금까지도 이어지고 있습니다. 좀 더 정밀한 관측이 진행되면서 분류 기준이 세분화되고 특이한 은하들이 따로 분류되기는 했어도, 1926년에 허블이 발표한 외부은하 분류 기준의 큰 틀은 그대로 유지되고 있지요. 새로운 외부은하 천문학 시대는 허블과 후커 망원경이 활짝 열었다고 해도 될 것 같습니다.

이후 관측 장비는 계속해서 발전을 거듭하였고, 셀 수 없이 많은 외부은하를 관측하면서 엄청난 데이터를 쏟아냈습니다. 허블은 외부은하를 크게 네 가지로 분류하기는 했지만, 은하의 모습은 그야말로 제각각입니다. MBTI 성격 유형이 같은 사람들이라고 해서 다 비슷한 모습을 보이고 비슷한 행동을 하는 것은 아니듯이, 은하들도 마찬가지이기 때문입니다. 타원은하처럼 깔끔하게 생긴 것도 아니면서 나선구조를 지녔다고 보기에도 애매한 렌즈형 은하lenticular galaxies나, 작고 어두운 왜소은하dwarf galaxies들도 많이 발견되었습니다. 게다가 같은 타원은하라도 정말 구 모양으로 생겼는지, 아니면 길쭉하게 생겼는지에 따라 구분하고, 같은 나선은하라도 나선구조가 몇 개나 있는지, 나선 모양이 얼마나 휘어 있는지, 막대구조는 뚜렷한지에 따라 더 자세하게 나누어지기도 했지요.

천문학을 전공하는 대학생이나 대학원생에게 가장 하기 귀찮은 과제를 꼽으라면 아마 십중팔구 외부은하 분류 과제를 꼽을 것 같습니다. 요즘은 외부은하 데이터가 너무 많아서 넘쳐날 지경이기 때문이지요. 특히 21세기 들어서는 하늘 전체를 무작위로 관측하여 조사하는 탐사 관측 프로젝트가 많아졌습니다. 대표적으로는 2000년에 시작된 '슬론 디지털 하늘 탐사'가 있습니다. 슬론 디지털 하늘 탐사는 거의 수백만 개의 외부은하 데이터를 제공해 줍니다. 그러니 외부은하 분류 과제를 내서 학생들을 괴롭히기에 아주 좋은 데이터베이스겠지요. 물론 그걸 다 하는 건 아니고 보통 수천 개 정도로 줄여서(?) 과제를 하긴 합니다.

　실제로 수많은 은하 사진들을 보면서 일일이 분류하다 보면, 분류 기준을 도대체 어디에 넣어야 할지 알기 힘든 은하들이 수두룩합니다. 은하들의 모양은 너무나 다양하기 때문이지요. 처음에 봤을 때는 막대나선은하인 것 같았는데, 막대 나선구조가 더 잘 보이는 은하들을 열심히 분류하고 나서 다시 그 은하를 보면 아닌 것도 같고, 또 다른 은하들을 열심히 분류하다가 와서 다시 보면 또 막대나선은하가 맞는 것 같고, 이 과정의 무한반복입니다. 그래서 은하 분류는 허블 분류법이 나온 지 한 세기를 넘은 지금도 결코 쉬운 일이 아닙니다. 사실 정확한 정답이 없는 작업이기도 하고요. 그러니 은하 분류 과제가 나오는 학기에는 많은 학생이 밤을 새워 눈을 비벼가며 은하 사진들을 들여다보지요. 그야말로 허블이 지금 우리 천문학도들에게 내준 귀찮은 과제라고 할 수 있을 것 같습니다. 하지만 이런 다채로움이 또 외부은하가 주는 매력 아닐까요?

고요하지만 웅장하게 빛나는 타원은하

타원은하는 둥근 공 모양처럼 생긴 은하입니다. 은하 분류 과제를 하면서 가장 고마운 은하 종류 중 하나지요. 왜냐하면 아주 단순하게 생겼고 더 자세한 갈래로 분류하기에도 어렵지 않기 때문입니다. 허블은 1926년 논문에서 타원은하를 길쭉하게 생긴 정도에 따라 숫자를 붙여 분류했습니다. 가장 구에 가깝게 둥글게 생긴 타원은하는 0번으로, 가장 길쭉하게 생긴 타원은하는 7번까지 8개의 숫자를 붙입니다. 타원은하elliptical galaxy의 'E' 뒤에 숫자를 붙여 'E0', 'E1', …, 'E7' 이런 식으로 불렀지요. 이 방법은 지금도 그냥 그대로 쓰이고 있습니다. 타원은하를 더 자세히 나눌만한 기준이 딱히 없다는 겁니다.

관측 자료에서 타원은하의 색깔을 살펴보면 모두 붉은색을 띠고 있습니다. 정말 예외가 없다고 해도 될 정도로 타원은하는 푸른색으로 보이는 경우가 거의 없습니다. 붉은색 빛은 나이가 많은 별에서 주로 나오는 빛이지요. 나이가 보통 수십억 년 이상 된 주계열성이나 적색왜성, 적색거성 등이 붉은빛을 내는 별들의 정체입니다. 그러니 색깔만 봐도 타원은하는 거의 모두가 오래된 별로 구성된 은하라는 사실을 알 수 있지요. 바꾸어 말하면 새롭게 태어나는 별이 거의 없는 조용한 곳이라고 이야기할 수 있습니다.

그래서 타원은하에는 별의 재료가 되는 수소 원자 가스나 수소 분자 가스가 아주 희박합니다. 실제로 전파망원경을 통해 가스 분포를 관측해 보면 타원은하는 나선은하나 별 생성이 활발한 왜소은하에 비해 가스 비율이 아주 낮습니다. 가지고 있던 가스로 수십억 년 전에 별을 다 만들어버렸기 때문에, 지금은 가스가 소진되었고 새로 태어나는 별도 없는 고요한 은하가 되어버린 거지요.

이렇듯 타원은하는 아주 조용하고 재미없는 곳처럼 보이지만 그 안에 별은 아주 많습니다. 타원은하는 다른 유형의 은하들보다 훨씬 밝게 빛나는데, 절대 밝기가 거의 태양의 수백억 배에서 수조 배에 달합니다. 그만큼 엄청난 수의 별이 은하 중심을 기준으로 무질서하게 돌고 있는 곳이 타원은하이지요. 타원은하는 주변의 다른 은하들보다도 훨씬 두드러지게 밝아서 은하 동네의 골목대장 노릇을 하기도 합니다.

여기서 잠시 '은하 동네'에 대한 이야기를 하고 넘어가겠습니다. 은하들은 우주 공간에 절대 균일하게 분포하지 않습니다. 같은 나라 안에도 서울에는 천만 명에 가까운 사람들이 몰려서 살지만 시골에는 비슷한 면적에 10만 명도 안 사는 것처럼, 우주에도 은하가 모여 있는 핫플레이스가 있고 은하에게 인기가 없는 썰렁한 곳도 있습니다. 특히 수백만 광년 안에 은하가 모여서 하나의 중력 공동체를 이룬 경우를 '은하군galaxy group' 또는 '은하단galaxy cluster'이라고 하지요. 보통 모여 있는 은하의 개수가 수십 개 정도일 경우는 은하군, 수백 개 이상일 경우는 은하단이라고 이야기합니다. 은하 동네를 이런 식으로 분류해서 이야기한다고 알아두면 되겠습니다.

타원은하는 주로 은하군이나 은하단의 중심에 있습니다. 그리고 웬만하면 은하들이 모여 있는 곳이 아니면 잘 보이지 않지요. 은하들이 모여 있는 '은하 도시'에서 주로 사는 은하라고도 볼 수 있습니다. 타원은하의 주변 환경을 조사해 보면 우주의 텅 빈 곳보다는 은하군과 은하단에서 타원은하의 개수 비율이 월등히 높다는 사실을 알 수 있습니다. 잘 알려진 은하단들의 관측 자료를 구해 보면 은하단에 있는 타원은하들이 가장 눈에 잘 띄지요. 희한하게 생긴 나선은하나 왜소은하의 사진을 많이 보다가 타원은하 사진을 보면 정말 웅장하고 아름답다는 느낌마저 듭니다.

우리에게 잘 알려진 타원은하들도 대부분 은하단 출신이지요. 우리와 가까운 처녀자리 은하단에 있는 은하로는 은하단 중심의 메시에 87번(M87) 은하나 메시에 60번(M60) 은하, 그리고 메시에 89번(M89) 은하 등이 유명합니다. (그림 16) 특히 메시에 87은 은하 중심에 있는 거대한 블랙홀이 2019년 4월 역대 최초로 직접 관측되면서 대중들에게도 널리 알려진 타원은하입니다. 처녀자리 은하단 외에도 화로자리 은하단(거리 약 6,500만 광년) 중심의 NGC1399 은하나 머리털자리 은하단(거리 약 3억 광년) 중심의 NGC4874, NGC4889 은하 등도 은하단에서 골목대장 노릇을 하는 거대한 타원은하들입니다. 아벨 2029 은하단(거리 약 11억 광년)

중심의 거대 타원은하 IC1101은 지름이 약 600만 광년(우리은하 지름의 60배)에 이를 정도로 압권을 보여주지요. 그래서 지금까지 발견한 은하 중 가장 큰 은하로 알려져 있습니다.

타원은하가 은하단과 같은 '은하 도시'에 많이 사는 이유는 애초에 타원은하가 그 은하군과 은하단에서 만들어졌기 때문입니다. 타원은하는 처음부터 타원은하로 태어나는 게 아니라, 주로 나선은하나 어두운 왜소은하들이 서로 충돌하고 합쳐지면서 생기기 때문이지요. 그러다 보니 텅 빈 우주 공간보다는 은하들이 모여 있는 곳에서 타원은하가 생겨나기가 훨씬 쉽습니다. 다른 은하들과 중력으로 뭉쳐지는 과정에서 가스가 들어와 새로운 별이 많이 태어나고, 그 뒤에 가스가 소진되면서 나이 든 별로 이루어진 고요한 은하가 된 것이지요. 모양도 둥글둥글하고 고요하면서도 웅장하게 빛나는 타원은하이지만 과거에는 전쟁과도 같은 은하 충돌과 병합을 겪었을 겁니다. 지금은 나선은하인 우리은하와 안드로메다은하도 먼 훗날에는 충돌하면서 거대한 타원은하를 만들게 될 예정입니다. 그때 어떤 행성의 밤하늘은 사방에서 비춰 오는 타원은하 별들의 빛으로 환하지 않을까요? 물론 수십억 년 뒤의 일이라 지구의 밤하늘은 아니겠지만 말입니다.

빙글빙글 요란스러운 매력둥이, 나선은하

팔을 넓게 벌리고 휘돌아 감도는 별들의 퍼레이드, 중력수축의 고통과 충격에 소리 없이 신음하는 암흑 성간운들, 그 안에서 새로이 태어나는 행성계, 초거성들의 휘황한 광채, 중년에 이른 주계열성들의 늠름한 모습, 적색거성들의 빠른 팽창, 백색왜성의 단아함, 행성상성운의 미려함이 우리를 기다리고 있을 것이다.

－《코스모스》, 칼 세이건 지음, 홍승수 옮김, 사이언스북스, 2004년

나선은하는 매력적인 나선팔 구조와 원반 모양을 지닌 은하이자 별과 성운, 먼지 등 다채로운 천체들의 향연입니다. 타원은하가 단순한 아름다움을 보여준다면 나선은하는 다양한 매력을 뽐내는 천체이지요. 종류도 매우 다양하고 모습이 다 제각각이어서 밤하늘을 관찰하는 우리의 눈을 즐겁게 해줍니다. 나선은하는 타원은하처럼 천체가 둥글게 뭉쳐 있지 않고 원반처럼 가늘게 늘어서 은하 중심을 돌고 있습니다. 그래서 여러 색의 별과 성운, 성단, 짙은 먼지 띠 등이 원반을 따라서 쭉 보이지요. 밤하늘 은하수로 보이는 우리은하와 친숙한 안드로메다은하도 나선은하에 속합니다.

허블의 분류 기준에 따르면, 나선은하는 나선구조와 함께 '막

대구조'가 보이는지 아닌지에 따라 두 부류로 나누어집니다. 막대 구조는 별과 먼지, 성간물질이 모여서 은하의 중심 부분을 지나는 길쭉한 모양으로 분포한 구조를 말합니다. 나선은하 중에서도 막대구조를 보이는 은하는 굉장히 많아서 막대나선은하를 따로 구분하였지요. 먼저 정상나선은하(S형)spiral galaxy와 막대나선은하(SB형)barred spiral galaxy로 나누어지고, 또 나선팔이 감겨 있는 정도에 따라 a, b, c 세 단계로 나누어집니다. 나선팔이 덜 감겨 있으면 a형, 적당히 어중간하면 b형, 나선팔이 많이 휘어져 감겨 있으면 c형이지요. 그래서 나선은하는 정상나선은하일 경우 Sa, Sb, Sc형, 그리고 막대나선은하일 경우 막대bar의 대문자 B를 붙여 SBa, SBb, SBc 등으로 나눕니다. 꽤 복잡하지요? 여기에 나선은하와 타원은하의 중간형인 렌즈형 은하(S0)와 막대 렌즈형 은하(SB0)까지 포함하면 정말 분류하기가 싫어질 정도입니다. 게다가 나선은하는 타원은하처럼 단순하게 생기지 않고 모양이 아주 제멋대로여서, 막대구조나 a, b, c 등을 나누는 것도 애매하고 고민되는 경우가 매우 많습니다. 그래서 은하 분류를 할 때 나선은하는 늘 골칫덩이입니다.

　나선은하는 은하 안에서도 여러 구조를 지니고 있어서 몇 가지 구역으로 나눌 수 있습니다. 나선은하 중심부는 보통 붉은 별들이 빽빽하게 모여 있는데, 이를 '팽대부'라고 부르지요. 팽대부는 마치 '미니 타원은하'처럼 나이 든 별들이 둥글게 뭉쳐 있습니다. 그래서 나선은하에서 가장 밝은 부분이기도 하지요. 팽대부를 벗어나면 거기서부터는 온갖 종류의 별과 가스, 먼지로 가득 찬 '원반면'입니다. 여기에는 '나선은하의 원반면은 무슨 색이냐?'라는 질문 따위는 전혀 의미가 없을 정도로 다양한 색을 지닌 천체들이 있습니다. 별이 막 태어나는 곳에서는 푸른색 별들이 많이 보이고, 푸른색 별 주변에는 강한 별빛을 받아 붉게 빛나는 수소 가스 지역이 있고, 먼지가 짙은 곳은 거뭇거뭇하게 보이며, 별이 생겨난 지 이미 수십억 년이 지난 곳은 노랗거나 붉게 보이지요. 신기하게 생긴 성운과 성단도 오밀조밀 모여서 빛을 내고 있습니다. 게다가 타원은하에서는 볼 수 없던 수소 원자 가스나 수소 분자 가스, 또는 다른 유기물 분자 가스들도 가득하지요. 그래서 원반면은 마치 보석을 한데 모아놓은 듯한 모습입니다. 원반면에서 위아래로 이동하면 별이 드문 외곽 지역이 있는데, 이 부분을 '헤일로halo'라고 부릅니다. 주로 아주 빠른 속도로 원반면을 벗어나 나선은하를 도는 성간물질이나, 자기네들끼리 똘똘 뭉쳐서 원반면에서 어느 정도 자유로운 구상성단이 있는 곳입니다. 특히 외부 은하의 구상성단을 연구하는 천문학자들이 유심히 살펴보는 지역이기도 하지요. 나선은하의 복잡한 구조들은 하나하나가 흥미로운 연구 대상입니다. 확실히 타원은하보다는 재미있고 역동적인 은하라고 할만합니다.

　나선은하는 주변 환경에서 그나마 자유로운 편입니다. 은하

도시에 주로 사는 타원은하와는 달리, 은하가 별로 없는 '은하 시골'에도 뜬금없이 나타나곤 하지요. 물론 은하군과 은하단에서도 많이 발견되긴 합니다. 우주 전체에서 타원은하와 나선은하의 개수를 비교해 보면 나선은하가 압도적으로 많습니다. 이것 역시 당연한 것이, 여러 개의 나선은하와 왜소은하들이 뭉쳐져 타원은하가 만들어지는 경우가 많기 때문입니다. 그만큼 나선은하는 흔하고 다양한 형태로 발견이 되곤 하지요.

나선은하의 가장 가깝고도 유명한 예는 역시 250만 광년 떨어져 있는 안드로메다은하입니다. 우리은하와 안드로메다은하는 둘 다 비슷한 모습의 거대 나선은하들이지요. 다만 최근 막대구조의 존재가 밝혀져 막대나선은하로 분류되는 우리은하와는 달리, 안드로메다은하는 막대구조를 지니고 있지는 않습니다. 우리은하와 안드로메다은하 주변에 거느린 왜소은하들과 함께 반지름이 약 500만 광년 정도인 '국부 은하군The Local Group'을 이루고 있지요. 국부 은하군을 벗어나서도 '북쪽 바람개비' 메시에 101번 (M101) 은하나 (그림 17), '남쪽 바람개비' 메시에 83번(M83) 은하, 그리고 막대구조를 보여주는 NGC1300과 NGC7479 은하 등이 유명한 나선은하들입니다. (그림 18) 특히 허블 우주 망원경 이미지를 찾아보면 정말 형형색색의 화려한 장관을 볼 수 있습니다. 우주 망원경은 지구 날씨의 영향을 받지 않기 때문에 훨씬 깔끔하고 선명한 사진을 찍을 수 있기 때문이지요. 게다가 워낙 은하마다 모양이 다르다 보니 허블 우주 망원경 웹사이트에서 나선은하 사진들을 구경하다 보면 시간 가는 줄 모르곤 합니다. 워낙 흔하고 관측하기도 쉬워서 아마추어 사진가들에게도 인기가 많지요. 참 여러모로 타원은하와는 대비되는 우주의 매력둥이라 할만합니다. 외부은하의 세계가 펼쳐지면서 아주 신기하고 이상한 은하들도 많이 발견되었지만, 그래도 나선은하는 타원은하와 함께 외부은하 세계의 큰 두 줄기를 이룬다고 할 수 있습니다.

우주를 메운 다양한 은하들의 매력

어디 어디 숨었나, 왜소은하와 숨바꼭질하기

외부은하 세계는 타원은하와 나선은하라는 큰 두 줄기와 함께 곁가지도 아주 많이 지닌 한 그루의 커다란 나무와도 같습니다. 앞서 이야기했던 타원은하와 나선은하 분류는 어디까지나 우리의 눈에 잘 띄는 크고 밝은 은하들을 위주로 나눈 것에 불과하지요. 실제로 우주 공간 대부분을 메우고 있는 은하는 골목대장 타원은하도 아니고, 매력둥이 나선은하도 아닌 보잘것없어 보이는 왜소은하dwarf galaxy입니다. 이름 그대로 작고 어두운 은하들이지요. 허블이 처음 외부은하를 분류하던 시기에는 왜소은하를 잘 관측하지 못했기 때문에 왜소은하 연구의 비중도 크지 않았습니다. 그래서 모양이 비교적 상세하게 잘 보이는 타원은하와 나선은하 위주로 연구가 이루어졌지요.

하지만 시간이 지나면서 외부은하에 대한 이해가 어느 정도 쌓이고, 망원경의 크기도 점점 커지면서 왜소은하들이 속속 발견되기 시작했습니다. 초기에는 우리은하에서 수백만 광년 이내에 있는 가까운 왜소은하들을 위주로 관측이 이루어지다가, 1980년대 중반쯤에 오면 비교적 가까운 은하단인 처녀자리 은하단(약 5,400만 광년 거리)이나 화로자리 은하단(약 6,500만 광년 거리) 등에서도 왜소은하가 수십 개 이상 발견되기도 했지요. 그러면서 기존의 타원은하와 나선은하는 빙산의 일각이었음이 드러났습니다. 더 큰 망원경으로 더 많은 노출시간을 주어 밤하늘을 담을수록 새롭게 발견되는 은하들은 대부분 왜소은하였기 때문입니다. 타원은하나 나선은하는 밝아서 눈에 잘 띄었을 뿐, 그들이 우주에 있는 외부은하 전부는 아니었던 것입니다.

지금도 천문학자들은 왜소은하의 정의를 명확하게 내리고 있지는 않습니다. 천문학이 원래 뭔가를 칼같이 분류하는 학문은 아니지요. 그래도 일반적으로는 지름이 약 1만 광년 이하이고 절대밝기가 태양의 약 10억 배보다 어두운 은하를 왜소은하로 봅니다. 당장 지름이 약 10만 광년이고 태양 밝기의 수백억 배에 달하는 우리은하와 비교하면, 수십에서 수백 배 이상 어두운 셈이지요.

이렇게 왜소은하는 작고 어두우며 포함하는 별의 개수도 적다 보니 질량이 가볍습니다. 그러다 보니 무거운 타원은하나 나선은하 주변을 잘 살펴보면 왜소은하들이 중력에 이끌려 무더기로 모여 있는 모습을 많이 볼 수 있지요. 실제로 우리은하와 안드로메다은하가 속한 국부은하군은 약 100개 정도의 왜소은하들을 지니고 있습니다. 은하단처럼 무거운 은하가 많은 곳에서는 수천 개의 왜소은하가 보이기도 합니다. 관측 장비가 많이 발전한 지금도 은하단에서는 왜소은하들이 계속해서 발견되고 있을 정도이지요. 이런 왜소은하들은 무거운 은하 주변을 맴돌다가 결국에는 흡수되어 잡아먹히는 경우가 많습니다. 물론 그렇다고 은하 시골에 사는 왜소은하들이 없다는 말은 전혀 아닙니다. 홀로 떨어져 있는 왜소은하들도 아주 많지요. 애초에 왜소은하는 타원은하나 나선은하보다 개수가 훨씬 많은 만큼 주변 환경을 가리지 않고 자리 잡는 편입니다.

왜소은하는 개수가 아주 많은 만큼 모양도 제각각이고 종류도 다양하게 나눌 수 있습니다. 그렇지만 큰 틀에서는 '왜소 타원은하dwarf elliptical galaxy'와 '왜소 불규칙은하dwarf irregular galaxy'로 나눌 수 있습니다. 왜소 타원은하는 타원은하처럼 붉고 타원형의 공처럼 생긴 은하입니다. 다만 타원은하보다 수백 배 이상 작고 어두울 뿐이지요. 안드로메다은하와 이웃해 있는 메시에 110번(M110) 은하를 대표적인 예시로 들 수 있습니다. (그림 19) 반면 왜소 불규칙은하는 모양을 특정하기 힘들 정도로 이상하게 생긴 은하늘입니다. 군데군데 먼지 띠를 두르고 있기도 하고, 주변 은하의 중력에 이끌려서 찢겨나가는 중이기도 하고, 고래가 헤엄치는 모양처럼 생겼거나 얇은 띠처럼 나풀거리는 모양으로 생긴 것도 있지요. 카시오페이아자리에서 볼 수 있는 IC10 은하나 남반구 하늘의 대마젤란운LMC, 소마젤란운SMC 등을 예로 들 수 있습니다. (그림 20)

2장에서 태양계의 수많은 작은 천체들이 중력으로 뭉쳐서 지구를 만들었던 '빌딩 블록'이라고 했지요. 왜소은하도 마찬가지입니다. 더 크고 무거운 은하들을 구성하는 빌딩 블록이지요. 거대 나선은하에 해당하는 우리은하도 주변을 자세히 관측해 보면 여러 왜소은하가 합쳐진 흔적을 발견할 수 있습니다. 더 무거운 타원은하가 만들어지는 데도 나선은하와 함께 왜소은하의 역할이 매우 큽니다. 태양계에서 빌딩 블록인 소행성을 연구함으로써 태양계 초기의 상태를 엿볼 수 있듯이, 왜소은하를 자세히 연구하면 은하들이 처음 태어나던 우주 초기의 상태를 알아낼 수 있습니다. 반면 이미 은하들이 뭉쳐서 만들어진 타원은하나 나선은하에서는 그런 부분을 찾기가 힘들지요.

그래서 왜소은하는 지금도 많은 관측 프로젝트가 보물찾기하듯 우주 여기저기에서 앞다투어 찾고 있는 인기 많은 주제입니다. 왜소은하는 어둡고 희미해서 관측할 때 큰 망원경으로 노출시간을 길게 주어 빛을 최대한 모으는 게 중요하지요. 꼭꼭 숨어 있는 왜소은하들을 찾아내려면 아무래도 관측 장비의 성능과 관측 여건이 뒷받침되어야 합니다. 그래서 왜소은하는 외부은하 연구 분야에서 꽤 쉽지 않은 연구 대상이지요. 하지만 언제 그랬듯이 천문학자들은 여러 아이디어를 가지고 왜소은하와 숨바꼭질을 준비하고 있습니다.

현재는 하와이에 있는 스바루 망원경(지름 8.2m)이나 남반구 칠레의 블랑코 망원경(지름 4m) 등이 왜소은하를 연구하는 일에 적합하지만, 무조건 큰 망원경을 쓴다고 해서 왜소은하 연구에 유리한 것은 아닙니다. 큰 망원경은 빛을 잘 모으지만 시야가 좁고, 무엇보다도 천문학자들 사이에 경쟁이 아주 치열해서 긴 노출시간을 확보하기가 어렵지요. 그 점을 이용해서 소형 망원경들을 여러 개 묶어 아주 긴 노출시간을 주고 왜소은하를 관측하는 드래곤플라이 망원경Dragonfly Telephoto Array도 있습니다. 우리나라 한국천문연구원에서도 남반구 관측소들을 이용하는 '외계행성 탐색 시스템KMTNet'을 통해 남반구 하늘에서 왜소은하를 찾는 작업을 하고 있습니다. 2025년 이후 관측을 시작할 대형 시놉틱 관측 망원경Large Synoptic Survey Telescope은 앞으로 왜소은하 연구에서 최강자 타이틀을 거머쥘 예정입니다. 지름 8.4m의 구경에 시야도 아주 넓어서 남반구 하늘의 대부분을 훑으며 왜소은하를 찾아낼 계획이지요. 다만 그 데이터 양이 엄청나게 방대하기 때문에 왜소은하와 숨바꼭질은 쉽지는 않을 겁니다. 그래도 어떤 왜소은하들이 아직도 우리 눈을 피해 숨어 있을지 궁금합니다.

우주 멀리까지 밝혀주는 등불, 활동성 은하

타원은하 부분에서 잠시 지나가듯이 이야기했습니다만, 2019년 4월에는 천문학계에서 큰 이벤트가 하나 있었습니다. 거대 타원은하인 메시에 87번 은하 중심에서 아주 무거운 질량을 지닌 블랙홀의 사진이 공개된 것이지요. (그림 21) 블랙홀을 중심으로 주변 물질이 도넛처럼 블랙홀을 감싸고 있는 모양이 포착되었습니다. 이 사진이 공개된 날은 한국 시각으로 4월 10일 밤이었는데, 이때는 한국천문학회 봄 학술대회 기간이었지요. 저도 참석해서 4월 11일에 연구 발표를 해야 해서 꽤 긴장하고 있었습니다. 그런데 막상 발표 시간이 되니 블랙홀 발표가 있는 다른 세션장으로 아주 많은 사람이 몰려가는 바람에, 저는 좀 더 적은 청중들 앞에서 긴장을 풀고 발표했던 기억이 납니다. 그 블랙홀 사진 한 장은 그만큼 천문학자들 사이에서도 꽤 여파가 컸지요. 그리고 시간이 흘러 2022년 5월에는 같은 원리를 이용한 관측 장비로 우리은하 중심의 블랙홀 사진을 촬영하는 데에도 성공했습니다.

사진에 나온 무거운 블랙홀은 사실 대부분 타원은하나 나선은하 중심에 있습니다. 일부 왜소은하의 중심에도 있지요. 이런 블랙홀의 질량은 태양의 수백만 배에서 수백억 배에 이르기도 합니다. 우리은하도 중심에 태양 질량의 400만 배 정도 되는 블랙홀을 지니고 있고, 메시에 87번 은하 중심의 블랙홀은 약 60억 태양 질량일 정도로 무겁지요. 3장에서 얘기했던 슈퍼헤비급 별들이 죽어서 생기는 블랙홀은 질량이 보통 태양 질량의 100배도 되지 않습니다. 그 사실을 고려하면 은하 중심의 무거운 블랙홀은 그야말로 괴물 같은 블랙홀이지요. 그래서 천문학자들은 이렇게 은하 중심에 사는 아주 무거운 블랙홀을 '거대 질량 블랙홀supermassive black hole'이라고 구분하여 이름 붙였습니다.

거대 질량 블랙홀 자체는 은하들 사이에서 그렇게 특별한 것이 아닙니다. 하지만 우리은하의 거대 질량 블랙홀과 메시에 87번 은하의 거대 질량 블랙홀은 활동성에서 큰 차이를 보입니다. 블랙홀은 주변에 빨아들일 물질이 많을 때 활동적인 모습을 보여줍니다. 주변 물질들이 블랙홀의 중력에 이끌려 블랙홀을 중심으로 원반처럼 모여서 돌게 되면 그 과정에서 뜨거워진 물질들이 아주 강한 빛을 내뿜습니다. 이것이 엑스선이나 전파 영역에서 뚜렷하게 보이기도 하는데, 이를 '제트'라고 부르지요. 우리은하의 거대 질량 블랙홀은 주변 물질을 많이 먹지 않는 편이라 제트가 뚜렷하게 보이지는 않지만, 메시에 87번 은하는 오래전부터 제트가 분명히 보이는 은하로 알려져 있었습니다. 메시에 87번 은하처럼 중심의 블랙홀이 폭식을 하며 강력한 빛과 제트를 내뿜는 은하를 '활동성 은하active galaxy'라고 부르지요. 그리고 그런 은하 중심의 블랙홀을 둘러싼 아주 활동적인 중심부 영역을 '활동은하핵active galactic nucleus'이라고 부릅니다. 결국 구체적으로 제트가 나오는 부분은 활동은하핵 부분이지요.

활동성 은하는 타원은하, 나선은하, 왜소은하처럼 모양으로 분류되는 은하가 아니기 때문에 분류가 겹칠 수 있습니다. 타원은하이면서 활동성 은하일 수도 있고, 나선은하이면서 활동성 은하인 경우도 얼마든지 존재하지요. 활동성 은하는 은하 중심의 활동은하핵이 있느냐 없느냐에 따라 구분하기 때문입니다. 그리고 이는 거대 질량 블랙홀이 얼마나 주변 물질들을 먹어 치우고 있는지에 따라 달린 문제겠지요.

활동성 은하는 중심의 활동은하핵이 관측되기 시작하면서 알려졌습니다. 활동은하핵은 제트와 함께 특정 파장대에서 아주 강력한 빛을 내뿜는데, 이게 관측되면서 서서히 사람들의 관심을 끌게 되었지요. 보통 타원은하나 나선은하는 그 정도로 빛의 세기가 강하지 않았기 때문입니다. 새플리의 제자였던 미국 천문학자 칼 세이퍼트는 1943년에 처음으로 이런 은하들을 모아서 정리했습니다. 가까운 우주에서 밝은 활동은하핵이 보이는 6개의 은하를 관측하여 '세이퍼트 은하'라고 불렀지요. 세이퍼트 은하는 지금까지도 활동성 은하를 얘기할 때 많이 쓰이는 이름입니다. 이후 2차

세계대전이 끝나고 본격적으로 전파 관측 기술이 천문학에도 들어오게 되면서, 수십억 광년 거리에서도 강한 전파를 내뿜는 활동은하핵들이 발견되기 시작했습니다. 거리가 너무 멀어 당시 관측 기술로는 은하는 보이지 않았고 중심부에서 밝게 빛나는 활동은하핵만 덩그러니 보였지요. 그 모습이 마치 별처럼 점으로 보인다고 하여 '준항성체' 또는 '퀘이사'라고 이름 붙여졌습니다. 세이퍼트 은하, 퀘이사 등 이름을 붙인 맥락이 좀 다르긴 하지만, 결국은 거대 질량 블랙홀이 매우 활동적인 모습을 보이는 활동성 은하라는 점에서 본질적으로 같은 은하들이라고 볼 수 있습니다.

활동성 은하 중심의 활동은하핵은 우주에서 가장 밝은 천체입니다. 아주 먼 거리에서도 활동은하핵만큼은 잘 보이지요. 그래서 우주 초기의 상태를 연구하거나 멀리까지 거리를 잴 때도 이용됩니다. 게다가 중심부의 거대 질량 블랙홀이 물질들을 한동안 먹어 치우다가, 주변 물질이 고갈된 다음에는 어떻게 진화하는지를 연구하기에도 좋은 은하들입니다. 최근에는 100억 광년 너머의 매우 먼 거리에서도 활동성 은하들이 관측되고 있습니다. 허블 우주 망원경을 이을 차세대 '제임스 웹 우주 망원경'은 큰 구경(6.5m)을 이용하여 아주 멀리까지 있는 활동성 은하들을 관측할 예정입니다. 지상에서도 여러 전파망원경이 함께 전파 영역에서 활동성 은하들을 해부하듯이 자세하게 관측하고 있지요. 활동성 은하는 마치 먼 우주까지도 빛을 실어 날라주는 고마운 등불 같습니다.

은하와 주변 환경, 그 마술 같은 상호 작용

온라인상에서는 2007년부터 '갤럭시 주galaxy zoo'라는 재미있는 프로젝트가 진행되고 있습니다. 은하 동물원이라는 뜻의 갤럭시 주 프로젝트는 주로 슬론 디지털 하늘 탐사나 허블 우주 망원경 관측 이미지를 이용해 수많은 외부은하를 분류하는 작업입니다. 그런데 은하가 너무 많으니 일반 시민들이 자원봉사하는 방법으로 분류 작업을 맡는 거지요. 은하 분류 갈래를 어느 정도 알고 은하 모양을 눈으로 볼 수만 있으면 누구나 분류할 수 있는 데다, 사람마다 분류 의견이 다를 수 있어서 많은 사람의 분류 결과를 보기 위해 갤럭시 주가 시작된 것 같습니다. 그래서 시민 과학의 대표적인 사례로도 꼽힙니다.

지금까지 얘기한 외부은하의 종류와 생김새를 모두 알고 본다고 해도 외부은하의 세계는 너무나도 복잡하고 다양합니다. 갤럭시 주에 있는 은하 사진들을 보면 나름대로 은하 분류에 대한 지식을 가지고 있다고 해도 한 치의 의심도 없이 분류하기가 쉽지는 않지요. 그만큼 은하의 생김새는 그야말로 제각각인데다 도무지 알 수 없는 신기한 모양의 은하들이 많기 때문입니다. 갤럭시 주에서도 '푸른 타원은하', '붉은 나선은하', '녹색 콩 은하', 그리고 여러 병합 은하 등 신기한 은하들을 다룬 연구 논문들이 가끔 나옵니다.

천문학자들도 은하들이 이렇게 독특한 생김새를 보이는 이유를 모두 정확하게 설명할 수는 없지만, 관측 증거들을 모아서 나름대로 믿을만한 은하 형성 이야기를 구성합니다. 그중 다양한 은하들을 만드는 가장 중요한 요인은 은하와 주변 환경의 상호 작용이지요. 주변에 어떤 은하들이 있는지, 주변 은하들은 가벼운지 무거운지, 개수가 많은지 적은지, 은하 주변에 뜨거운 물질이 많은지 아니면 큰 영향이 없는 차가운 물질로 둘러싸여 있는지, 별의 재료인 가스가 은하로 많이 들어오는지 아닌지 등에 따라 영향을 받습니다. 마치 사람이 사회적 동물이라 주변에서 어떤 사람들을 만나느냐에 따라 변할 수 있는 것처럼, 은하도 우주에서 '사회적 천체'라고 부를 수 있겠습니다.

우선 은하는 주변에 있는 다른 은하들과 상호 작용을 일으키기가 쉽습니다. 은하에는 수많은 별과 성간물질이 있다 보니 주변에 다른 은하가 있으면 은하의 일부가 중력에 이끌리지요. 그러다 보면 은하들끼리 충돌하거나 병합하는 과정을 겪게 되는데요. 그 과정 중에 관측되는 은하들이 있습니다. 은하가 충돌이나 병합을 겪는 중에는 중력이 매우 불안정해지면서 아주 독특한 모습들을 보여주지요. 무거운 타원은하나 나선은하도 주변에 있는 왜소은하와 상호 작용을 하면서 변합니다. 타원은하나 나선은하는 워낙 무거워서 모양이 크게 변하지는 않지만, 왜소은하가 병합해 들어오면 성단들이 갑자기 많이 생겨난다든가, 먼지 띠가 생긴다든가,

아니면 은하 바깥쪽에 고리나 껍질처럼 보이는 구조가 생기기도 합니다. 대표적인 예로는 메시에 85번(M85) 은하, 메시에 104번(M104, 솜브레로 은하) 은하, NGC474 은하 등이 있지요. (그림 22)

갑자기 어떤 지역에서 폭발적으로 별이 태어난다거나, 고리 모양 구조가 생긴다거나, 올챙이처럼 별의 무리가 길게 뻗어나간다거나 하는 등 한바탕 난리가 나기도 합니다. 거대한 소용돌이 나선은하와 조그만 불규칙은하가 병합하고 있는 메시에 51번 a/b 은하나, 비슷한 두 나선은하가 춤추듯이 합치는 '생쥐 은하(NGC 4676 a/b 은하)', 얼핏 보면 하트 모양처럼 병합하고 있는 듯한 '안테나 은하(NGC4038/4039 은하)' 등이 대표적인 예이지요. (그림 23)

이렇게 은하끼리 병합하는 경우는 아주 흔해서 갤럭시 주 프로젝트에서는 병합은하만 따로 모아서 분류하기도 했습니다. 불규칙한 모양들이 너무 많다 보니 은하 모양 사진들을 적절히 조합해 글씨까지 쓸 수 있을 정도이지요. 저도 은하 분류 과제를 하다가 지루할 때는 이런 걸로 이름을 써보는 장난을 치곤 했습니다.

은하군이나 은하단 같은 환경에서는 은하가 주변 물질과 상호 작용을 하기도 합니다. 은하군과 은하단처럼 은하 도시 환경은 전체적으로 뜨거운 은하간물질이 채우고 있습니다. 별과 별 사이를 성간물질이 채우고 있는 것과 비슷하지요. 문제는 그런 공간을 은하가 가만히 있지 않고 계속 움직인다는 점입니다. 뜨거운 물질로 채워진 공간 속을 움직이니 은하가 저항을 받게 됩니다. 물속을 헤엄치면 몸이 저항을 받는 것과 마찬가지지요. 이런 작용이 심해지면 은하가 움직이는 반대편에 길게 별이나 가스의 꼬리가 생기기도 합니다. 모양이 해파리와 비슷하다고 하여 해파리 은하라고도 부르지요. (그림 24)

이 밖에도 원인을 정확히 밝히기는 힘들지만 주변 환경의 영향으로 만들어졌으리라 추측되는 독특한 은하들이 많습니다. 나선은하만큼 큰데 별은 거의 없는 '유령 은하ultra-diffuse galaxy'라든가, 반대로 콩처럼 굉장히 밀집되어서 그냥 보면 성단이랑 구분이 안 되는 '초밀집왜소은하ultra compact dwarf galaxy', 색깔이나 밝기로 보아 타원은하가 맞는 것 같은데 그렇다기엔 너무 조그만 '붉은 너겟 은하red nugget galaxy', 나선구조를 보이긴 하는데 일반적인 나선은하보다 훨씬 더 밝고 무거운 '슈퍼 나선은하super spiral galaxy' 등 그 종류도 별명도 가지각색이지요. 이런 은하들의 형성이 주변 환경의 영향이라고 100% 확신할 수는 없지만, 천문학자들은 기본적으로 환경 효과를 항상 유력한 가설로 고려하고 있습니다.

요즘은 어떤 기관이든 사회관계망서비스 계정이 하나둘쯤 있기 마련입니다. 천문대나 관측소도 예외가 아니지요. 그래서 나사NASA나 허블 우주 망원경, 알마ALMA 전파 관측소 등의 계정을 팔로우하면 매일 피드에 멋진 천체 사진들을 띄워줍니다. 따로 은하 사진들을 찾아보지 않아도 앉아서 받아볼 수 있는 거지요. 개인적인 취향인지도 모르지만, 은하는 우주의 어떤 천체들보다도 더 다양한 매력을 보여준다고 생각합니다. 은하에 대한 배경지식이 깊지 않아도 SNS에서 눈으로 은하 사진들만 여러 개 받아보면 그걸 느낄 수 있지요. 그래서 언젠가 APOD 웹사이트에서 보았던 갤럭시 주 프로젝트 소개 글 한 구절을 인용하면서 은하에 대한 글을 마치고자 합니다.

"You, too, can Zoo."

5장

먼 우주에서 온 빛은
어떤 이야기를 담고 있을까

우주 팽창의
진실을 향해

우주의 프로필 엿보기

언젠가 좋아하는 음악 라디오 프로그램을 듣다가 진행자들끼리 우주 이야기를 나누는 걸 들은 적이 있습니다. 음악 라디오에서 과학 이야기가 나오니 괜스레 반가워서 귀를 쫑긋 세우고 있었지요. 그런데 "현재 알려진 우주의 나이나 크기를 어떻게 믿을 수 있는지 모르겠어요. 사실 다 가정해서 얻어낸 거 아닌가요?"라는 멘트가 나와서 잠시 당황했습니다. 음악 라디오라 진지한 과학 이야기는 아니었지만 내심 섭섭했지요. 수많은 천문학자가 각고의 노력 끝에 알아낸 우주의 '프로필'을 단순히 가설 정도로만 생각하는 듯한 느낌이 들었기 때문입니다. 한편으로는 이해가 가기도 합니다. 과학을 깊이 배우지 않은 사람이라면 충분히 의심할만하지요. 지금까지 얘기했던 지구와 태양계, 별, 은하 등은 천문대에서 찍은 사진들을 두 눈으로 똑똑히 볼 수 있으니 그들의 존재는 믿을 수 있다고 치더라도, 상상조차 쉽게 되지 않는 우주의 프로필은 어떻게 쉽게 믿을 수 있을까요. 거짓되거나 과장된 정보가 온라인상에서 판을 치는 세상이니 더욱 의심을 할 수도 있을 겁니다. 그리고 이건 어쩌면 아직도 많은 사람이 천문학을 신비한 영역으로만 생각하고 있어서 그런지도 모르겠습니다.

우주는 약 138억 년 전에 탄생하여 지금까지 팽창해 왔습니다. 지금까지 알려진 바로는 그냥 팽창도 아니고 점점 더 속도가 빨라지는 '가속 팽창'을 하고 있지요. 인류가 이 사실을 알게 된 건 불과 한 세기도 지나지 않았습니다. 그 과정에서 많은 학자가 각자의 방법으로 연구를 진행했고, 다른 연구팀과 비교하며 차이점을 분석했으며, 수많은 오류도 겪어야 했지요. 자금 지원이 끊길까 봐 압박에 시달리기도 하고, 다른 연구팀보다 먼저 발표하기 위해 이리 뛰고 저리 뛰며 치열하게 경쟁했습니다. 우주 공간은 매우 거대하고 닿을 수 없지만, 그곳을 연구해 온 역사는 결국 천문학자들이 이루어낸 사람 사는 이야기입니다. 우주의 역사는 그 천문학자들이 이론과 관측 증거를 하나하나 따라가며 논리로 설명하다 보니 다다른 결론입니다. 이걸 대충 가정해서 구한 다음 단순히 믿는다는 것은 과학의 속성을 모르고 하는 말이지요.

과학은 원래 의심과 함께 성장합니다. 머리 좋은 천재 몇 명이 열심히 연구하고 계산해서 뿅! 하고 새로운 발견을 하면, 후대 과학자들이 그걸 그냥 믿고 그대로 가져다 쓰는 그런 방식이 아니지요. 흔히 우리는 천문학도 뉴턴, 케플러, 아인슈타인, 허블 같은 굵직한 학자들에 의해 발전해 왔다고 알고 있습니다. 하지만 그 이면에는 훨씬 더 많은 사람의 선행 연구와 학자들 사이의 기나긴 줄다리기가 있었습니다. 보이지 않는 사람들의 노고가 없었다면 굵직한 발견과 업적들도 이루어질 수 없었을 겁니다.

학자의 권위와 상관없이, 논리적으로 앞뒤가 맞지 않으면 의심하고 서로 토론하며 발전해 온 것이 바로 과학이지요. 우리가 얻어낸 우주의 역사 또한 많은 학자의 협업과 토론 속에서 합의된 결과물입니다. 물론 그것 또한 의심의 여지 없이 무조건 믿어야만 한다고 할 수는 없겠지요. 그러나 적어도 '우주의 나이는 138억 년에서 오차 2,400만 년 안에 있을 확률이 약 70%다'라고 이야기할 수 있는 것이 과학입니다. 관측 사실과 함께 수학이라는 도구를 이용하기 때문이지요. 그렇게 얻은 값을 단순히 가설로만 취급한다면 우리는 과학을 통해 아무것도 알 수 없을 겁니다. 이번 장에서는 우리가 어떻게 우주의 프로필을 엿볼 수 있었는지를 조금이라도 더 풀어서 이야기해 보고자 합니다.

파장을 늘리고 줄이는 도플러 효과

평화롭고 날씨 좋은 휴일 오후, 한강에 자전거 나들이를 나가면 음악을 튼 채로 자전거를 타는 사람들을 많이 만나게 됩니다. 맞은편에서 음악을 튼 자전거가 저를 지나쳐 멀어질 때면 늘 소리가 길고 낮게 늘어지는 걸 느끼곤 하지요. 마치 음악 소리가 무슨 슬픈 미련이라도 가지고 있는 것처럼 말입니다. 일상에서 이런 효과는 자주 느낄 수 있습니다. 소리와 같은 파동의 파원이 가까워질 때면 음이 높아지다가 멀어질 때면 낮아지는 현상이지요. 사이렌을 요란하게 튼 구급차, 절실하게 사람들의 마음을 구하는 선거 유세 차량, 굉음을 내며 멀어지는 비행기도 마찬가지 현상을 보입니다. 그런데 알고 보면 이 흔한 현상은 우리가 우주 역사의 대서사시를 써 내려가는 출발점이 됩니다.

1842년 유럽의 물리학자 크리스티안 도플러는 밤하늘에 별들의 색깔이 서로 다른 것을 보고 이 효과를 생각해 냈습니다. 별빛은 일종의 파동이고, 색깔이 서로 다르다는 것은 곧 빛의 파장이 다르다는 의미이지요. 그러니 파동을 내는 물체가 움직이면, 그 물체를 관찰하는 사람에게 도달하는 파동은 파장이 변한다는 겁니다. 이름하여 '도플러 효과'입니다. 처음에 도플러는 별빛을 보고 도플러 효과를 생각했지만, 이후에 여러 물리학자에 의해 소리나 물결 등의 다른 파동에도 도플러 효과가 적용된다는 사실이

입증되었습니다. 도플러 효과를 앞에서 든 사례에 적용해 보면, 소리를 내는 자전거가 가까이 오면 파장이 짧아지면서 소리가 높아집니다. 반대로 자전거가 멀어지면 파장이 길어지면서 소리가 낮아지는 것이지요. 소리가 아니라 빛이라면 빛을 내는 천체가 가까이 오면 파장이 짧아지면서 색깔이 원래보다 좀 더 푸르게 보이고, 천체가 멀어지면 파장이 길어지면서 색깔이 더 붉게 보일 겁니다. 빛에서 보이는 이런 도플러 효과를 각각 '청색이동'과 '적색이동'이라고 부르지요.

재미있게도 도플러는 각각의 별에서 그 별의 대기가 움직이는 방향이 달라서 색깔도 서로 다르게 나타난다고 생각하면서 도플러 효과를 주장하였습니다. 즉, 별 대기의 운동이 우리 쪽으로 다가오면 청색이동이 일어나고, 우리 쪽에서 멀어지면 적색이동이 일어나는 식으로 말이지요. 그러니 도플러의 설명에 따르면 푸른색 별은 대기 운동이 우리 쪽으로 다가오는 별, 붉은색 별은 대기 운동이 우리에게서 멀어지는 별인 겁니다. 당시로서는 상당히 기발한 생각이었지만 이제 우리는 알고 있지요. 별의 색깔은 별에 속한 대기의 운동이 아니라 별의 온도 때문에 다르게 나타난다는 사실을 말입니다. 따지고 보면 도플러가 생각한 전제 조건은 처음부터 잘못되었던 겁니다. 하지만 어쨌든 그 덕분에 새로운 물리 현상을 발견해 냈지요. 도플러로서는 행운이 아니었을까요?

점점 더 멀어져 보인다, 은하들의 '거리두기'

도플러 효과는 한 세기를 넘어 천문학에서 빛을 발하기 시작했습니다. 우리은하 바깥세상에서 오는 빛의 도플러 효과를 측정할 수 있게 된 거지요. 빛을 파장에 따라 나눠서 볼 수 있는 분광기가 점차 천체 관측에 사용되면서, 천체에서 오는 빛이 적색이동을 겪는지 청색이동을 겪는지를 직접 볼 수 있게 되었습니다.

아이디어는 아주 간단합니다. 별이나 은하의 빛을 파장에 따라 나누어보면 파장이 잘 알려진 몇 개의 선들이 보입니다. 예를 들면 가장 자주 관측되는 수소-알파선은 약 656.3 nm의 고유한 파장 값을 지니지요. 그런데 만약 천체가 도플러 효과를 겪었다면 파장이 656.3 nm에서 바뀌어 보일 겁니다. 이때 파장이 바뀐 정도를 측정하면 천체가 도플러 효과를 얼마나 보이고 있는지 알 수 있겠지요. 더 나아가 우리에게서 멀어지는지 아니면 가까워지는지를 알 수 있습니다. 어떤 은하를 관측했는데 수소-알파선의 파장이 657 nm였다면 우리에게서 멀어지고 있는 것이고, 655 nm였다면 우리 쪽으로 다가오고 있는 것이지요. 덤으로 한 가지 덧붙이자면, 우리는 흔히 허블이 가장 먼저 이 아이디어를 가지고 외부은하를 연구했다고 알고 있지만 여기서도 그는 결코 선구자가 아니었습니다.

1912년 미국의 천문학자 베스토 슬라이퍼는 도플러 효과를 처음으로 안드로메다은하에 적용했습니다. 이때 얻은 안드로메다은하의 운동 속도는 초속 약 $300km$로 우리에게 다가오고 있었지요. 청색이동 현상을 보이고 있었던 겁니다. 지금은 이런 안드로메다은하의 움직임을 가지고 우리은하와 안드로메다은하가 나중에 충돌할 것이라는 이야기를 하지요. 하지만 당시에는 안드로메다은하의 거리도 몰랐고 애초에 하나의 독립된 은하인지도 몰랐습니다. 그래서 슬라이퍼의 연구는 안드로메다 '성운'의 속도 측정 정도에 머물렀지요.

이후에도 계속 슬라이퍼는 안드로메다은하와 비슷한 외부은하들을 분광 관측하여 청색/적색이동 값을 구하였습니다. 이를 바탕으로 외부은하들의 움직임을 측정하여 발표하였지요. 이런 슬라이퍼의 연구 결과는 이후 우주론 연구에 큰 보탬이 되었습니다. 특히 1917년에는 슬라이퍼가 25개 나선은하들의 속도를 측정한 결과가 논문으로 발표되었습니다. 물론 이때까지도 나선 '은하'가 아니라 나선 '성운'이라고 부르긴 했지요. 그 결과를 보면 눈에 띄는 점이 한 가지 있습니다. 안드로메다은하를 포함한 4개 은하만 청색이동을 보이고, 나머지 20개 정도는 모두 적색이동을 보인다는 점입니다. 즉, 대부분 은하가 우리에게서 멀어지고 있었던 거지요. 느리게는 초속 $200km$부터, 빠르게는 초속 $1,000km$가 넘는 속도로 우리에게서 멀어지고 있었지요.

이때부터 슬라이퍼는 뭔가 이상하다고 생각했습니다. 우선 우리은하에 속한 별이나 성운들은 대부분 저렇게 빠른 속도로 멀어지지는 않는다는 점이 신기했지요. 슬라이퍼가 관측한 천체들이 정말 우리은하 안에 있는 '성운'이라면, 초속 $1,000km$라는 빠른 속도로 우리에게서 멀어지는 건 정말 이해하기 힘들었습니다. 그래서 슬라이퍼는 이때부터 이미 나선 '성운'들이 독립된 '은하'일 가능성을 조심스레 이야기합니다.

게다가 청색이동과 적색이동이 적당히 반반 섞여 있는 게 아니라 적색이동을 보이는 천체들이 훨씬 더 많았다는 점도 놀라웠지요. 예를 들어 붐비는 길거리에서 사람들의 움직임을 관찰한다고 해보겠습니다. 그러면 사람들은 모두 제각각 무작위로 움직이기 때문에, 내 방향으로 다가오는 사람과 나에게서 멀어지는 사람의 비율이 거의 비슷하겠지요. 그런데 그게 아니라 만약 길거리에 있는 사람 대부분이 나에게서 멀어지고 있다면, 그건 뭔가 특별한 이유가 있는 겁니다. 알고 보니 내가 가만히 있는 게 아니라 차를 타고 이동하면서 사람들의 무리에서 멀어지고 있었다든지요. 그러니 적색이동을 보이는 천체가 대부분이라는 사실은 분명히 뭔가 원인이 있어야만 했습니다.

하지만 이때까지만 해도 거리 측정법이 충분히 발달하지 못했기 때문에 슬라이퍼가 속도를 측정한 '성운'들의 거리를 몰랐지요. 그래서 슬라이퍼는 더 과감한 결론을 이야기하지는 못했습니다. 아마 슬라이퍼가 아니라 누구였더라도 이런 상황에서 우주가 팽창하고 있다는 주장까지 끌어내기는 어려웠을 것 같습니다. 그래도 슬라이퍼의 연구는 확실히 현대우주론이 발전하는 데 불씨를 댕겼다고 볼 수 있겠지요. 대부분의 은하가 우리에게서 멀어지고 있고, 이 사실을 설명할 무언가가 필요하다는 확실한 메시지를 전 세계 천문학자들에게 남겼으니 말입니다.

'허블의 법칙'이 아니다!

시간이 지나 1920년대에는 거리 측정법이 발전하여 여러 천문학자가 은하들의 적색이동과 함께 거리까지도 측정할 수 있게 되었습니다. 이때 안드로메다은하도 외부은하임이 밝혀졌지요. 우주의 진실이 막 한 꺼풀 벗겨지기 시작하던 시기였습니다. 외부은하들의 적색이동 현상은 더는 새로운 관측 사실이 아니었지요. 이제는 그 은하들의 거리까지 재기 시작하면서 천문학자들은 새로운 사실을 밝혀냈습니다. 바로 '더 멀리 있는 은하일수록 적색이동 값이 더 크다'라는 법칙이었지요. 우리가 '허블의 법칙'이라고 배웠던 바로 그 법칙입니다.

그런데 이 사실 역시 허블이 가장 먼저 밝혀낸 것은 아니었습니다. 당시 슬라이퍼의 연구에서 영감을 얻었던 많은 관측천문학자는 이미 은하들의 적색이동을 측정하는 연구를 하고 있었지요. 1924년에 오면 독일의 칼 워츠나 스웨덴의 크누트 룬드마크 등이 먼 은하일수록 적색이동도 커지는 상관관계를 이미 찾아내어 발표하였습니다. 허블은 그보다 늦은 1929년에서야 20개 정도의 은하들로 비슷한 상관관계를 발견하여 논문을 냈지요. 뒤에서 더 자세히 이야기하겠지만, 이러한 역사적 맥락은 훗날 '허블의 법칙'이라는 이름을 수정하는 큰 이유가 됩니다.

아무튼 먼 은하일수록 적색이동이 크게 나타난다는 관측 사실은 멀리 있는 은하가 우리에게서 더 빠르게 멀어지는 것처럼 보인다는 뜻입니다. 그런데 이 현상은 우리가 일반적으로 알던 도플러 효과와는 조금 다릅니다. 일상에서 도플러 효과는 파동을 내는 물체 자체가 우리에게서 멀어지냐, 가까워지냐에 따라 나타나지요. 하지만 멀리 있는 은하일수록 적색이동 값이 더 커지는 것이 정말로 그 은하 자체가 그렇게 빠르게 움직이며 멀어진다는 뜻일까요?

당시에는 수많은 외부은하가 막 발견되던 시기였습니다. 우리는 전혀 우주의 중심이 아니었지요. 우리가 우주의 중심이 아니고 특별한 존재가 아니라면, 멀리 있는 은하도 어차피 움직이는 속도는 우리은하와 별반 다르지 않을 겁니다. 사람이 전속력으로 달릴 때의 속도를 측정해 봅시다. 저는 초속 5m로 뛰는데 이웃집 사람은 초속 10m로 뛰고, 한강 너머 있는 사람들은 초속 30m, 제주도에 사는 사람들은 초속 100m, 바다 건너 일본 사람들은 초속 500m, 지구 반대편 미국 사람들은 초속 5km로 측정되었다면 뭔가 이상하지 않나요? 미국 사람들은 발에 무슨 모터라도 달린 걸까요? 다 같은 사람인데 그럴 리가 없겠지요. 마찬가지로 적색이동 값이 커진다고 해서 멀리 있는 은하가 실제로 그만큼 빨리 움직이지는 않을 겁니다.

그러면 왜 은하들이 청색이동과 적색이동을 적당히 번갈아 보여주지 않고 대부분이 적색이동을 보여줄까요? 게다가 왜 더 먼 은하일수록 더 큰 적색이동을 보일까요? 더 멀리 있는 은하가 더 빨리 우리에게서 멀어져야 할 이유는 무엇일까요? 슬라이퍼가 품었던 질문들에 이제 천문학자들이 답을 내놓을 차례였습니다.

정답은 은하와 은하 사이의 '우주 공간 자체'가 늘어난다는 것밖에는 없었습니다. 우주 공간이 스스로 팽창하고 있다면, 가까운 은하는 천천히 멀어져 보이겠지만 먼 은하는 더욱 빠르게 멀어지는 것처럼 보이겠지요. 가까운 은하까지의 우주 공간은 얼마 되지 않지만 먼 은하까지의 우주 공간은 훨씬 더 크고 넓으니까요. 다시 말해 가까운 은하는 천천히 움직이고 먼 은하가 빠르게 움직이는 게 아니라, 은하들 사이의 공간이 늘어나고 있었던 겁니다. 이 부분이 일상에서 보는 도플러 효과와는 다른 점이지요. 공간이 팽창하면서 그 공간을 가로지르는 빛이 적색이동을 겪어 도플러 효과처럼 보였던 겁니다. 그래서 천문학자들은 이렇게 우주 공간의 팽창으로 나타나는 적색이동을 도플러 효과가 아니라 '우주론적 적색이동'이라고 부르기도 합니다. 도플러 효과를 이용하면서 출발한 연구였지만 결과는 도플러 효과보다 더 엄청난 것이었던 셈이지요. 우주가 어떠한 중심도 없이 전체적으로 팽창한다면, 우리가 굳이 우주의 중심이 아니더라도 은하들의 적색이동을 설명할 수 있습니다. 한편 몇몇 은하들이 청색이동을 보여주는 것은 그 은하들이 우리은하와 너무 가까워서 공간 팽창 효과보다는 중력 효과가 더 크게 작용하기 때문입니다.

이러한 관측 해석과 함께 탄탄한 이론 지식을 바탕으로 우주가 팽창하고 있다는 주장을 처음으로 내놓았던 천문학자가 있었습니다. 벨기에의 천문학자 조르주 르메트르는 1927년에 우주 팽창을 처음으로 이야기하는 논문을 발표했지요. 그 논문에서 르메트르는 아인슈타인이 1915년에 발표한 일반상대성이론 방정식을 풀어서 이론적으로 우주의 팽창을 증명했습니다. 거기에 은하의 적색이동과 거리 등 관측 자료들로 본인의 주장을 뒷받침했습니다. 그러니 우주가 팽창하고 있다는 사실을 처음으로 주장한 사람은 허블이 아니라 르메트르였던 것이지요. 게다가 르메트르는 여기서 한발 더 나아가 좀 더 과감한 주장까지 펼쳤습니다. 우주가 처음 생겨났을 때는 '원시 원자'처럼 아주 조그마한 상태였다가 팽창을 겪으면서 지금에 이르렀다는 이야기도 덧붙였습니다. 그러니 우주의 기원을 설명하는 '빅뱅우주론'을 처음 언급한 사람도 르메트르였던 셈입니다.

안타깝게도 르메트르의 논문은 영어가 아닌 프랑스어로 출판

되었기 때문에 당시에 많은 천문학자는 르메트르의 연구를 바로 파악하지 못했습니다. 그래서 르메트르의 업적은 1930년대 이후에야 천문학자들에게 알려졌지요. 1929년 허블이 허블의 법칙을 발표한 이후였습니다. 그래서 '먼 은하일수록 적색이동이 더 크다'라는 법칙은 한동안 허블의 업적으로 남겨져 있었습니다. 하지만 이 법칙은 단순히 은하들의 거리와 적색이동의 관계만 이야기하는 것이 아니라 우주의 팽창과 빅뱅우주론에 중요한 실마리를 준 법칙입니다. 그 발견에 이바지한 학자들은 허블 이전에도 많았기 때문에 '허블의 법칙'이라는 이름을 바꾸어야 한다는 목소리가 계속 나오고 있었지요. 그러나 법칙 이름이라는 것이 한 번 굳어지면 잘 바뀌지 않기 마련입니다. 그래서 우리도 우주 팽창의 비밀을 담은 이 법칙을 지금까지 '허블의 법칙'으로만 배웠던 겁니다.

이런 상황은 2018년에 와서야 반전이 이루어집니다. 2018년 8월 오스트리아 빈에서 국제천문연맹 총회가 열렸습니다. 여기에 모인 천문학자들은 '허블의 법칙'을 '허블-르메트르의 법칙'으로 수정하자는 안건에 대해 투표를 하게 되었지요. 투표 결과는 약 80%가 찬성표를 던졌습니다. 그래서 그해 10월 국제천문연맹은 '허블의 법칙'이 '허블-르메트르의 법칙'으로 수정되었다고 발표하기에 이르렀지요. 이제는 아마 과학 교과서에서부터 '허블-르메트르의 법칙'이라는 용어를 이용하게 될 겁니다. 그동안 천문학자들만 알고 있었던 르메트르의 업적이 이제 대중들에게도 널리 알려지게 된 거지요.

지금도 어떤 사람은 법칙의 이름을 아예 '허블-르메트르-슬라이퍼의 법칙'으로 불러야 한다고 주장하기도 합니다. 은하의 적색이동을 처음으로 관측한 슬라이퍼의 기여도 무시할 수 없기 때문이지요. 사실 그렇게 따지자면 적색이동을 측정해 허블-르메트르의 법칙을 뒷받침할 관측 자료를 쌓아둔 천문학자들이나, 아인슈타인의 일반상대성이론을 우주에 대입하여 풀고 정리한 많은 수학자와 물리학자들의 공로도 무시해서는 안 됩니다. 법칙의 이름이 무엇이든 간에, 과학에서 빛나는 업적 뒤에는 항상 보이지 않는 사람들이 크게 이바지해 왔습니다. 우리는 그들의 조그만 발걸음이 천문학의 큰 발전을 이끌었다는 사실을 알아둬야겠지요.

모든 것은
하나의 점에서부터

우주 팽창을 둘러싼 새로운 이야기들

안 그래도 차갑고 어둡고 거대한 우주 공간인데 스스로 팽창
까지 하면서 서로 멀어진다고 하면 왠지 외로워집니다. 아직 우리
는 조그만 지구 밖에서 어떤 생명체도 만난 적이 없었는데 심지어
멀어지고 있다니요! 이대로 계속 팽창하면 먼 미래에는 어떻게 될
까 두려워지기도 합니다. 영원히 우리는 이웃과 한없이 멀어지기
만 하는 건 아닐까요. 지금 생각해도 이렇게 먹먹해지는데 하물며
1920년대에는 어땠을까요. 아마 우주의 팽창을 자연스럽게 받아
들일 수 있었던 천문학자들은 거의 없었을 겁니다.

물론 우주 공간의 팽창은 우리은하 정도의 작은(?) 규모에서

는 효과가 거의 나타나지 않습니다. 오히려 성간물질이 서로 뭉치고 태양과 지구, 달이 서로 끌어당기는 것처럼 중력에 의해 묶이는 효과가 훨씬 더 크지요. 우리은하 밖에서도 가까운 은하들은 안드로메다은하처럼 중력에 이끌려 다가오는 경우도 많습니다. 그러니 우리는 우주 팽창을 전혀 느끼지 못하지요. 지금의 우주 팽창은 적어도 1억 광년 정도의 규모는 되어야 그 효과가 보이기 시작합니다. 1억 광년이라고 하면 아주 억겁의 시간을 가야 하는 엄청나게 먼 거리이지만, 지금 우리가 볼 수 있는 수백억 광년 너머의 우주에 비하면 극히 일부일 뿐이지요. 그래서 천문학자들은 수천만 광년 떨어진 은하를 가지고도 '가까운 은하'라고 부르는 위엄을 보여줍니다.

허블과 르메트르의 연구가 발표되면서부터 이제 우주 팽창은 엄연한 사실이 되었습니다. 아무리 세계적으로 권위 있는 학자라도 관측 자료가 직접 보여주는 사실을 부정할 수 없었습니다. 아인슈타인처럼 우주 팽창 가설을 싫어했던 대가들도 마찬가지였지요. 심정적으로는 우주의 팽창을 인정하기 어려웠겠지만 과학자는 객관적 증거를 믿는 사람들입니다. 받아들일 수밖에 없었지요. 이제 우주 팽창을 어떻게 받아들이냐 하는 문제가 남았습니다.

이미 1927년 르메트르는 우주 팽창을 주장하면서 우주가 아주 작은 원시 원자 하나에서 시작되었을 거라는 예측을 한 바 있었습니다. 지금 우주는 팽창하고 있으니 거꾸로 생각하면 과거의 우주는 지금보다 작아야 했을 테니까요. 그러면 결국 우주는 처음에는 한없이 작은 점에서 시작해 지금까지 팽창해 왔다는 이야기가 됩니다. 그렇게 아주 작은 우주는 과연 어떤 상태였을까요? 현재 온 우주에 있는 물질과 에너지가 모두 거기에 모여 있어야 하므로 아마 매우 뜨겁고 압력도 높았을 겁니다. 일상에서도 공기를 압축하면 온도와 압력이 높아지는 것과 같은 원리이지요. 그런 고온 고압의 상태의 우주는 마치 펑! 하고 폭발하듯이 팽창하면서 지금에 이르렀을 겁니다. 바로 '대폭발우주론'이지요. 현재 우리에게는 '빅뱅우주론'이라는 이름으로 더 널리 알려져 있습니다.

하지만 많은 천문학자는 1950년대까지도 빅뱅우주론을 의심의 눈초리로 바라보았습니다. 그때까지 빅뱅우주론의 결정적인 '한 방'이 없었기 때문이었습니다. 빅뱅우주론을 지지할 수 있는 강력한 증거, 그러니까 빅뱅우주론 없이는 전혀 설명할 수 없는 관측 현상 같은 걸 찾아내지 못했다는 말이지요. 그래서 당시 르메트르의 빅뱅우주론은 그저 '이론'일 뿐이었지요. 당연히 다른 이론의 도전을 받게 되었습니다. 우주 팽창을 빅뱅우주론과 연결짓고 싶지 않았던 천문학자들은 대폭발이 일어나지 않는 우주를 생각했습니다. 우주 공간이 팽창은 하되 우주 전체는 과거부터 지금까지 언제나 그 모습 그대로를 유지한다는 이론을 세웠지요. 팽창하는 공간 속에서 계속 물질이 새로 생겨나고 별과 은하가 태어나 결국 우주의 모습은 그대로라는 겁니다. 당연히 빅뱅우주론에서 주장하는 고온 고압의 초기 우주 같은 것도 없었을 테지요. 우주는 언제나 무한한 공간 그대로였고 거기서 스스로 팽창만 반복하고 있을 뿐이니까요. 이렇게 대폭발을 부정하는 이론을 '정상우주론'이라고 합니다.

우주 팽창이 발견된 이후부터 빅뱅우주론이 쐐기를 박은 1965년까지는 두 우주론이 대결하는 시대였습니다. 갑작스럽게 우리를 불편하게 만든 우주의 팽창을 어떻게 받아들일 것인지 혼란스러웠던 시기였지요. 먼 옛날부터 있었던 '변하지 않는 밤하늘', '고요한 우주'와 같은 관념은 이제 우주 팽창의 진실 앞에서 흔들리기 시작했습니다. 천문학자들은 이제 새로운 이야기를 써 내려가야 했습니다. 그게 빅뱅우주론이든, 정상우주론이든 말이지요.

빅뱅우주론 vs 정상우주론

빅뱅우주론과 정상우주론의 대결에 참여했던 천문학자들은 많지만, 대표적으로 두 학자의 이름을 기억하면 될 것 같습니다. 빅뱅우주론 쪽의 조지 가모프와 정상우주론 쪽의 프레드 호일이지요. 야구 경기로 치면 이 두 사람이 거의 양 팀의 중심타자들이었던 셈입니다. 가모프는 러시아의 천문학자였지만 1930년대에 미국으로 탈출하여 조지 워싱턴 대학교에서 연구 활동을 하고 있었습니다. 그곳에서 가모프는 제자들과 함께 여러 논문을 출판하면서 우주론 연구를 진행하였습니다. 반면 호일은 영국 출신의 천문학자로 케임브리지 대학에서 연구를 했습니다. 재미있게도 호일은 BBC 라디오 프로그램에 나와서 라이벌이었던 대폭발우주론에 '빅뱅'이라는 이름을 처음 지어준 일화로도 유명하지요.

빅뱅우주론과 정상우주론은 '초기 우주가 과연 고온 고압의 상태였을까?'하는 질문에 결정적으로 다른 대답을 내놓았습니다. 빅뱅우주론은 초기 우주가 뜨겁고 압력이 높은 상태였다는 사실을 반드시 증명해야 하는 처지였고, 정상우주론은 그렇지 않았지요. 가모프와 호일도 마찬가지로 그 질문을 중심으로 자신들의 이론을 펼쳐나갔습니다.

빅뱅우주론의 주장처럼 초기 우주가 수천만 도나 수억 도 이상 고온 고압의 상태였다면 과연 어떤 일이 벌어졌을까요? 3장에서 나왔던 별의 핵융합을 기억하실지 모르겠습니다. 대략 천만 도 이상의 온도를 지닌 별의 중심부에서 수소 원자들이 핵융합 반응을 일으켜 헬륨 원자로 합성되었지요. 그러면서 엄청난 열과 빛을 내뿜고, 그게 별이 스스로 빛나는 이유라고 했습니다. 만약 초기 우주가 별의 중심부처럼 엄청난 열과 압력이 있는 곳이었다면 당연히 거기서도 핵융합 반응이 일어났겠지요.

가모프는 초기 우주에서 일어났을 핵융합 반응을 '빅뱅원소합성'이라고 불렀습니다. 그러고는 빅뱅원소합성을 통해 수소 원자가 얼마나 헬륨 원자로 바뀌었을지 계산했지요. 그 결과 수소 원자는 우주 전체의 약 75%, 헬륨 원자는 약 25% 정도로 나왔습니다. 1948년 가모프는 이 예측 결과를 제자와 함께 논문으로 발표했지요. 이때 가모프 제자의 이름이 랄프 알퍼였고 논문에 공저자로 올라간 학자 이름이 한스 베테였기에, 이 논문은 세 사람의 이름을 비슷하게 따와서 '알파베타감마 논문'이라는 별명으로 잘 알려져 있습니다.

알파베타감마 논문에서 예측한 수소 75%, 헬륨 25%라는 원소의 비율은 현재의 관측 결과와도 꽤 잘 일치하는 편입니다. 예측한 원소들의 비율을 가지고 빅뱅우주론을 지지한 셈이지요. 지금 와서 다시 보면 알파베타감마 논문의 결과는 빅뱅우주론을 증명한다고도 할 수 있습니다. 하지만 당시에는 문제가 있었습니다. 알파베타감마 논문만으로는 헬륨보다 더 무거운 원소들의 생성이 설명되지 않았습니다. 우리 몸을 이루는 탄소, 숨 쉴 때 들어오는 질소와 산소, 인류의 역사를 바꿔놓은 철, 그 자체로도 화폐로 쓰이는 금 등의 원소들은 이론상으로 빅뱅원소합성만으로는 충분히 생겨나지 못하기 때문이었습니다. 하지만 지금 우리는 버젓이 그 원소들을 이용하고 있지요. 헬륨보다 무거운 원소들은 우주 전체에서는 극소량이긴 하지만 빅뱅원소합성만으로는 그 극소량의 생성조차도 설명할 수가 없었습니다.

호일은 바로 그 부분을 파고들며 가모프의 연구 결과를 반박

했습니다. 헬륨이나 탄소, 산소, 철 등의 원소들은 빅뱅원소합성이 아니라 별의 중심부에서 고온 고압을 받아 만들어지는 것뿐이라는 연구를 발표했지요. 특히 금처럼 철보다 더 무거운 원소들은 무거운 별이 죽어가는 초신성에서 만들어질 수 있다고 주장했습니다. 그러니 가모프의 연구는 빅뱅우주론을 지지할 수 없다고 반박한 셈이지요. 하지만 여기에도 문제가 있었습니다. 탄소, 산소, 철 등의 생성은 잘 설명할 수 있었는데 이번에는 헬륨의 양이 문제가 되었던 겁니다. 별의 중심부에서만 생겨났다는 헬륨의 양이 우주 전체 물질의 25%나 될 정도로 많다니, 이것도 미스터리였습니다. 결국 호일의 주장도 정상우주론을 지지하기에는 부족했던 거지요.

빅뱅우주론이 정설이 된 지금은 이게 어떻게 된 일인지 알 수 있습니다. 25%나 되는 헬륨은 대부분 가모프의 말대로 빅뱅원소합성을 통해 만들어졌고, 그보다 무거운 원소들은 호일의 말대로 별의 중심부에서 탄생한 것이지요. 더욱이 3장에서 무거운 별들의 일생을 살펴본 우리에겐 명확한 결론입니다. 결과적으로 보면 가모프와 호일 둘 다 틀리지는 않았습니다. 각자의 연구 결과를 통해 지지하는 우주론이 달랐을 뿐이지요.

아무튼 당시 빅뱅우주론 쪽에서는 빅뱅원소합성 연구만으로는 부족했기에 또 다른 주장을 함께 내놓았습니다. 초기 우주가 아주 뜨겁고, 물질들이 한데 모여 밀도가 매우 높은 상태라면, 대폭발 이후의 빛은 빽빽한 물질들 사이를 빠져나오지 못했을 겁니다. 다시 말하면 빛이 물질과 엉겨 붙어서 제대로 직진하지 못한다는 뜻입니다. 일상에서 빛의 직진은 아주 당연한 현상입니다. 밖에 나가면 마음껏 받을 수 있는 햇빛도 사실은 태양 빛이 우주 공간을 직진하여 가로질러 왔기 때문에 가능한 일입니다. 하지만 이렇게 당연한 빛의 직진조차도 초기 우주에서는 일어날 수 없었을 겁니다. 비밀로 가득한 아주 뿌연 안개 속을 거니는 느낌이었겠지요.

그런데 만약 그런 고온 고압의 초기 우주가 점점 팽창한다면, 물질의 밀도도 점점 낮아지면서 언젠가는 빛이 물질 사이를 빠져나와 우주 공간을 마음껏 가로지르기 시작하는 때가 오기 마련입니다. 우주에서 처음으로 빛이 자유롭게 돌아다니기 시작한 때이지요. 빅뱅우주론을 지지하는 학자들은 계산 끝에 우주 탄생 이후 약 38만 년 뒤에 이런 '태초의 빛'이 빠져나왔으리라 예측했습니다. 가모프의 제자였던 알퍼가 1948년에 처음으로 이 빛의 존재를 언급했지요. 만약 정상우주론의 설명대로라면 이 태초의 빛은 존재해서는 안 됩니다. 우주는 언제나 그대로였을 테니 애초에 빛과 물질이 엉키고 말고 하는 시기 자체가 없었을 겁니다. 그래서 우주 탄생 후 38만 년 뒤에 나온 태초의 빛은 두 우주론을 판가름할 중요한 연구 대상으로 떠오릅니다. 지금은 '우주배경복사'라는 이름으로 알려진 태초의 빛은 결국 빅뱅우주론이 정상우주론을 상대로 결정적인 홈런을 날리는 계기가 됩니다.

빅뱅우주론의 네 잎 클로버, 우주배경복사

가모프 연구팀이 우주배경복사의 존재를 예측한 뒤로 여러 천문학자가 그 태초의 빛에 관해 연구했습니다. 만약 그런 우주배경복사가 실제로 있다면 우주 탄생 초기에 그것이 우주 전체에 골고루 퍼져 있었을 테지요. 그리고 그걸 관측해야 하는 지금은 우주가 많이 팽창했고 차가워진 상태이므로 우주배경복사의 에너지도 낮아졌을 겁니다. 그래서 많은 천문학자가 현재 우리가 관측할 수 있는 우주배경복사의 온도를 예측하였지요. 연구 결과마다 편차는 있었지만 대체로 절대온도 2도에서 20도 사이 정도(섭씨 −270도에서 −250도 정도)로 계산되었습니다. 이 정도의 에너지를 지닌 빛은 가시광선이 아니라 전파 영역에서 봐야 합니다. 즉, 우주배경복사는 '우주에 골고루 퍼져 있고 지금은 전파 영역에서 보이는 태초의 빛'이었지요. 우주배경복사에 대한 이러한 예측을 바탕으로 관측천문학자들은 전파망원경을 이용해서 태초의 빛을 찾아내려고 노력했습니다.

하지만 태초의 빛은 당연히 찾기 아주 어려웠습니다. 2차 세계대전이 끝나면서 전파 관측 기술도 본격적으로 천문학에 접목되기 시작했지만, 우주배경복사는 한동안 발견되지 않았습니다.

그렇다 보니 빅뱅우주론 자체를 의심하는 천문학자들노 하나둘 생겨나곤 했습니다. 물론 다른 관측 사실들이 빅뱅우주론을 어느 정도 지지해 주긴 했기에 라이벌 정상우주론이 정설이 될 정도는 아니었지만요. 그래도 빅뱅우주론이 옳다면 반드시 발견되어야 하는 우주배경복사가 쉽게 발견이 되지도 않고, 당시 관측 기술로 검출할 수 있는지 아닌지조차도 몰랐으니 빅뱅우주론을 지지하는 관측천문학자들은 점점 초조해져 갔을 겁니다.

　이런 답답한 상황은 1960년대 중반 미국 벨 연구소와 프린스턴 대학교의 천문학자들에 의해 반전을 맞이합니다. 당시 벨 연구소는 전화기와 같은 통신 기기들을 만들고 전파 통신 기술을 개발하던 곳이었습니다. 그래서 천문 관측에 이용할 수 있는 전파 관측 기술이나 기기의 수준도 상당히 뛰어났습니다. 통신 용도로 사용하지 않는 기기들은 전파망원경으로 이용하곤 했지요. 1964년 벨 연구소에서 근무하던 두 천문학자 아노 펜지어스와 로버트 윌슨은 6m 크기의 전파망원경을 다루다가 원인을 알 수 없는 전파 잡음을 발견했습니다. 잡음의 세기는 방향과 관계없이 거의 일정하게 나타났습니다. 모든 방향에서 신호가 오고 있었다는 뜻이지요. 펜지어스와 윌슨은 처음에 잡음의 원인을 다른 것으로 생각하여 안테나를 아주 차갑게 냉각시켜 온도를 바꿔보기도 하고, 안테나를 다시 조립해 보기도 하고, 안테나 안에 둥지를 틀었던 비둘기를 내쫓기도 했습니다. 하지만 어떤 시도를 해봐도 전파 잡음은 계속 들어왔지요. 심지어 해가 바뀌어 1965년 봄까지도 그 전파 신호는 계절 변화조차도 없이 일정하게 나타났습니다. 이 정도면 전파 잡음은 지구가 아닌 우주의 모든 방향에서 들어오는 것이라고 볼 수밖에 없었지요.

하지만 당시 펜지어스와 윌슨은 우주배경복사에 대해서 자세히 알지 못했습니다. 그래서 모든 방향에서 쏟아지는 이상한 전파 신호를 직접 보고도 우주배경복사를 곧바로 떠올리지 못했지요. 한편, 벨 연구소와 가까운 프린스턴대학교(둘 다 미국 뉴저지주에 위치)에서도 우주배경복사 연구팀이 새로운 전파망원경을 구상하고 있었습니다. 로버트 디키와 제임스 피블스 등의 학자들로 이루어진 프린스턴 연구팀은 그동안 우주배경복사에 대한 수많은 계산과 예측을 해왔기 때문에 그야말로 이론에는 빠삭한 사람들이었지요. 탄탄한 이론을 바탕으로 이제는 괜찮은 전파망원경을 만들어서 관측만 하면 되리라 믿었는데, 우연한 기회에 벨 연구소의 이상한 전파 신호 관측 이야기를 듣게 됩니다. 프린스턴 연구팀은 펜지어스와 윌슨이 발견한 그 신호가 우주배경복사라는 사실을 모를 리가 없었지요. 결국 프린스턴 연구팀은 펜지어스와 윌슨에게 연락해 두 편의 논문을 함께 발표하기로 합니다. 펜지어스와 윌슨이 관측 사실을 발표하고, 프린스턴 연구팀에서는 그 관측된 신호가 우주배경복사라는 이론 결과를 각각 발표하게 되었습니다. 이렇게 이상한 전파 신호는 우주배경복사로 세상에 알려지고, 펜지어스와 윌슨은 발견의 공로로 1978년에 노벨상을 받았습니다.

이렇게만 보면 펜지어스와 윌슨이 우주배경복사 발견의 일등 공신인 것 같지만, 꼭 그렇게 볼 수는 없습니다. 프린스턴 대학교 연구팀의 기여가 없었다면 펜지어스와 윌슨이 발견한 전파 신호는 그냥 이상한 잡음으로 남아버렸을지도 모릅니다. 십수 년을 잡아내지 못하다가 겨우 포착한 우주배경복사인데 그대로 묻혀버릴 뻔했던 거지요. 그리고 프린스턴 연구팀이 우연한 기회에 우주배경복사 관측 이야기를 들었다고 했지만, 사실은 그것도 학술대회 발표를 통해 알음알음 이야기가 오가면서 전달되었던 것이었습니다. 마냥 운이 좋아서 얻어걸렸다기보다는 자신들의 우주배경복사 연구를 계속해서 학계에 알리고 다녔기에 벨 연구소의 관측 소식도 접할 기회가 생겼던 거지요. 관측으로 발견한 신호를 놓치지 않고 제대로 해석하는 것, 더불어 학술대회와 같은 연구 활동에 활발히 참여해 연구를 알리는 것이 얼마나 중요한지 알 수 있습니다.

어쨌든 그렇게 찾아낸 우주배경복사는 곧바로 언론에 대서특필되면서 우주론 싸움의 승자를 결정지어 버렸습니다. 정상우주론으로는 관측된 우주배경복사를 도저히 설명할 수 없었기 때문이지요. 초기 우주가 고온고압의 상태가 아니라면 절대로 우주배경복사는 나올 수가 없었습니다. 이제는 빅뱅우주론이 정상우주론을 압도할 수밖에 없었지요. 우주배경복사 발견을 계기로 빅뱅 우주론은 지금처럼 정설이 되었습니다. 게다가 우주배경복사의 공로는 거기서 그치지 않았지요. 알고 보니 우주배경복사는 빅뱅 우주론의 손을 들어준 단순한 관측 증거가 아니었습니다. 사실은 빅뱅으로 탄생한 우주의 나이, 밀도, 팽창 속도, 모양까지 너무나 많은 것을 알려줄 중요한 신호였습니다. 우연이 겹치며 우리에게 모습을 드러냈던 우주배경복사는 앞으로도 우주를 더 자세히 알려줄 네 잎 클로버였지요. 이는 조금 더 시간이 흐른 뒤의 이야기입니다.

우주배경복사 제대로 파헤치기

우주배경복사는 10년이 넘는 관측천문학자들의 노력 끝에 벨 연구소와 프린스턴대학교 연구팀에 의해 발견되었습니다. 하지만 그때까지는 우주배경복사의 존재 자체가 의심받던 상황에서 그 존재를 확인시켜 준 정도에 지나지 않았습니다. 물론 당시로서는 그 발견 자체만으로도 빅뱅우주론을 대세로 만들었지만, 실제 우주배경복사 자체의 성질을 자세히 알아야 할 필요가 있었지요. 그러기 위해서는 더욱 정밀한 전파 관측이 필요했습니다. 이때까지만 해도 모든 전파 관측은 지상에서 이루어지고 있었습니다. 지상에서 관측하면 지구 대기에 의해 방해를 받을뿐더러 인간이나 동식물이 만들어내는 온갖 전파 잡음으로 어려움을 겪을 수밖에 없습니다. 그래서 관측천문학자들도 우주배경복사를 쉽게 찾아내지 못했던 거지요.

이런 상황에서 1960년대 후반 미국과 소련이 우주 공간에 위성을 띄우고 우주 망원경을 설치하여 관측하는 데 성공합니다. 비록 이때는 자외선과 같이 파장이 짧은 빛 위주로 우주 관측을 시작했지만, 다른 파장 영역의 빛도 우주에서 볼 수 있다는 가능성이 생긴 셈이지요. 우주 망원경은 지상 망원경보다 지구 대기나 주변 잡음의 방해를 받지 않는다는 점에서 아주 큰 장점이 있습니다. 그만큼 더 약한 신호까지 더 정밀하게 잡아낼 수 있지요. 특히 우주 배경복사는 방향, 시기, 장소와 관계없이 우주 전체에서 볼 수 있는 빛이기 때문에 더욱 우주에서 관측하는 게 더 적합했습니다.

그래서 이제 관측천문학자들은 우주배경복사를 관측할 우주 전파 망원경 프로젝트를 구상하기 시작했습니다. 하지만 아무래도 관측 장비를 우주까지 옮기고 띄워서 관리하는 일은 매우 큰 비용이 들 수밖에 없는 일입니다. 자주 우주 망원경을 띄울 수도 없지요. 그래서 지금도 그렇지만 우주 망원경 프로젝트는 아주 치열한 경쟁과 까다로운 심사를 거쳐 선정되어야만 예산을 배정받을 수 있습니다. 우주배경복사를 연구하던 관측천문학자들은 1970년대 나사에서 추진하던 우주 망원경 프로젝트에 우주 전파 망원경 제안서를 제출하였고, 우여곡절 끝에 1977년 승인을 받아 추진할 수 있게 되었습니다. 이것이 바로 최초의 우주 전파 관측 위성인 '우주배경탐사선Cosmic Background Explorer', 줄여서 '코비 COBE' 위성입니다.

조지 스무트와 존 매더 등의 천문학자들을 중심으로 꾸려진 코비 위성 프로젝트팀은 여러 기술적, 재정적 문제들을 해결하며 결국 1989년 코비 위성을 성공적으로 발사하였습니다. 인류의 우주배경복사 연구가 한 걸음 더 앞으로 내딛는 순간이었지요. 코비 위성은 4년 동안 모든 방향으로 우주 공간을 들여다보며 우주배경복사 지도를 그렸습니다.

코비 위성은 우주배경복사의 온도를 우주 공간에서 더욱 정밀하게 측정하였습니다. 벨 연구소에서 처음 관측한 우주배경복사의 온도는 대략 절대온도 3.5도(섭씨 -269.7도) 정도였는데, 아무래도 지상에서 측정한 값이다 보니 여러모로 오차가 있을 수 있었겠지요. 코비 위성이 측정한 우주배경복사의 온도는 절대온도 2.73도(섭씨 -270.4도)였습니다. 겨우 이 정도 온도 차이가 뭐가 중요하냐는 생각이 들 수도 있겠지만, 우주배경복사의 온도는 앞으로 나올 우주의 '프로필'을 엿보는 데 가장 기본이 되는 값이라서 정밀한 측정이 필요했지요. 이 값은 지금도 거의 그대로 쓰이고 있습니다.

더욱 중요한 사실은 코비 위성이 우주배경복사의 미세한 '온도 요동'을 처음으로 감지했다는 점이었습니다. 우주배경복사의 온도가 대체로 2.73도이긴 하지만, 측정하는 위치에 따라 약 10만 분의 1도 정도의 차이가 있었던 거지요. 1960년대 벨 연구소에서 측정했던 아주 깔끔하고 균일한 우주배경복사가 아니라 미세한 온도 요동을 보이는 얼룩덜룩한 우주배경복사의 모습이 나타난 것이지요. (그림 25) 천문학자들도 우주배경복사의 온도가 균일하지 않으리란 예상은 했지만 실제로 그걸 관측한 건 코비 위성이 처음이었습니다. 코비 위성이 관측한 온도 요동은 아주 미세하긴 하지만 관측 기기의 측정 오차를 모두 바로잡았는데도 그런 요동이 나타난다는 것은 분명히 이유가 있어야 했습니다. 이론적으로 우주배경복사는 우주에서 처음으로 물질 사이를 빠져나온 태초의 빛입니다. 그런데 이런 빛에서 미세한 에너지 차이가 보인다는 것은 곧 빛이 탈출했던 그 물질 덩어리에 원인이 있다는 겁니다.

만약 초기 우주에서 물질 밀도가 모든 곳에서 한 치의 오차도 없이 완벽하게 균일했다면 어땠을까요? 그러면 아마 은하도, 별도, 행성도 만들어질 수 없었을 겁니다. 중력이 모든 방향으로 완벽하게 상쇄되다 보니 물질이 중력으로 뭉치는 현상 자체가 일어날 수 없기 때문입니다. 그럼 당연히 지금 우리도 태어나지 못했을 테고, 영원히 균일한 물질만 가득 차 있는 아주 재미없는 우주가 되었겠지요. 만약 이런 '노잼' 우주였다면 거기서 빠져나온 우주배경복사도 완벽하게 2.73도에서 단 0.000001도조차도 차이를 보이지 않았을 겁니다(물론 애초에 누군가 우주배경복사를 관측하는 일 자체가 일어날 수 없었겠지만요). 그런데 현실은 그런 '노잼 우주'도 아니었고 코비 위성은 우주배경복사의 온도 요동을 직접 우리에게 보여줬습니다. 초기 우주를 이루고 있던 물질은 균일하지 않았다는 뜻이지요. 예를 들면 어떤 곳은 물질이 빽빽하게 모여 있지만, 또 다른 곳은 물질이 좀 듬성듬성 모여 있거나 했을 겁니다. 이때 물질은 빛과 엉겨 붙어 있었기 때문에, 물질의 밀도 차이는 우주배경복사의 온도 요동으로 드러나게 됩니다.

우주배경복사의 온도 요동은 천문학자들의 흥미를 돋우기에 충분했습니다. 온도 차이를 보이는 정도, 온도 요동이 있는 부분의 크기, 우주배경복사 전체에서 온도 요동의 분포 등 연구해 볼 만한 대상과 아이디어가 봇물 터지듯 쏟아져 나왔지요. 빅뱅우주론에서 이론적으로 계산할 수 있는 우주배경복사의 온도 요동과 실제로 관측한 온도 요동을 비교하면 많은 것들을 알아낼 수 있었습니다. 우주배경복사의 온도 요동은 우주의 나이, 모양, 밀도, 팽창 속도, 구성 성분 등 아주 많은 정보를 품고 있는 노다지인 셈이었습니다.

이렇게 더 깊은 연구를 위해서는 우주배경복사의 온도 요동을 좀 더 고해상도로 관측할 수 있는 새로운 우주 전파 망원경이 필요했습니다. 그래서 코비 위성의 후속으로 나사의 더블유맵 WMAP 위성이 발사되었습니다. 2001년 우주로 올라간 더블유맵은 우주배경복사의 온도 요동을 9년 동안 관측하였고, 그동안 천문학자들은 더블유맵의 데이터를 분석하여 우주에 대해 좀 더 많은 것을 알아내기 위해 애썼지요. 우주의 나이, 우주의 구성, 우주의 모양, 팽창 속도 등 많은 우주의 프로필이 이때부터 비교적 정확하게 알려지기 시작했습니다. '우주의 나이는 약 137억 년이고, 우주는 우리가 정체를 모르는 물질과 에너지가 거의 95%며 우리 주변의 물질은 겨우 5%만을 차지하고, 우주는 전체적으로 편평하며, 팽창 속도는 326만 광년 멀어질 때마다 초속 약 70km 정도의 속도로 공간이 늘어난다.' 이 모든 정보가 우주배경복사의 온도 요동에서 나온 것이지요. 구체적인 유도 과정은 좀 복잡하기에 여기서는 생략하겠지만, 어쨌든 정말 노다지라고 할만하지 않나요? (그림 26)

이후에도 관측 기기들은 발전을 거듭하기 마련이라 2009년에는 유럽 우주국의 플랑크 위성이 발사되어 4년 동안 우주배경복사를 관측하였습니다. 플랑크 위성은 과거 코비 위성과 더블유맵 위성보다도 훨씬 더 좋은 분해능(서로 떨어져 있는 두 대상을 분리해서 식별할 수 있는 능력 - 편주)으로 우주배경복사를 파헤쳤지요. 그 결과 더블유맵으로 얻은 결괏값들을 조금씩 수정하기도 했습니다. 우주의 나이는 약 138억 년, 팽창 속도는 326만 광년 멀어질 때마다 초속 68km 정도라는, 좀 더 정밀한 값을 찾아냈지요. 그리고 빅뱅 대폭발로 우주가 태어난 이후 별과 은하가 언제부터 얼마나 생기기 시작했는지도 알아냈습니다. 결국 이 모든 결과가 우주배경복사의 온도 요동과 관련이 있었지요. 플랑크 위성의 관측 결과는 우리가 생각하는 현대빅뱅우주론 이론 모델과 완벽하게 맞아떨어지면서 우리의 우주론이 틀리지 않았다는 사실을 다시 확인시켜 주었습니다.

물론 플랑크 위성의 연구 결과에도 천문학자들은 만족하지 않고 있습니다. 여러 방법으로 결과를 새롭게 분석하고 다시 확인하면서도, 또 우주배경복사에서 지금까지 발견한 사실보다 더 많은 것들을 알아내기 위해 지금도 새로운 연구를 계획하고 실행에 옮기고 있습니다. 인간의 욕심은 끝이 없다지만 천문학자들은 그 욕심의 크기도 어마어마한 사람들이 아닌가 싶습니다. 지금까지 우주의 프로필을 어느 정도 파악할 수 있었던 것도 이런 끈기와 호기심 덕분이었겠지요.

우리가 우주를 알아 왔던 과정은 그냥 속 편하게 몇 가지 특성을 멋대로 가정하고 알아낸 것이 결코 아니었습니다. 한 사람을 알아갈 때도 함부로 선입견을 품고 보면 그 사람을 제대로 알 수 없는 것과 마찬가지지요. 분광 관측을 통해 적색이동 값을 일일이 측정하고, 우주가 팽창하는지 아닌지로 논쟁하고, 그다음엔 어떻게 팽창하고 있는지로 다투고, 그러다 우연히 결정적인 증거를 발견하기도 하고, 또 거기서 우주의 더 많은 비밀을 파헤쳐 왔던 과정이었습니다. 결국 과학은 이렇게 기나긴 발자국이 이어져 오는 이야기이지요. 저는 천문학에서 어떤 분야보다도 우주론 역사 이야기가 가장 드라마틱하다고 느낍니다. 이야기의 스케일이 워낙 커서 정말 장대한 우주 서사시인 것 같아서랄까요.

6장

천문학에는 앞으로
어떤 모험이 펼쳐질까

호기심과
빛의 바다를 거슬러

만난 적 없던 우리의 이웃을 찾아서

개인 블로그에 우주 관련 글을 한 토막씩 올려보면서 재미를 느끼기 시작하던 무렵의 이야기입니다. 서투른 솜씨로나마 썼던 글이라 내심 부끄러웠는데 글마다 열성적으로 댓글을 달아주시던 분이 계셨습니다. 글에서 다뤘던 천체들은 구상성단, 외부은하, 블랙홀 등으로 다양했고 주제도 천차만별이었는데, 그분은 항상 '저기에도 생명이 살고 있겠죠?', '사람이 살 수 있는 곳이 어딘가 존재하겠죠?' 하는 댓글을 다셨습니다. 어떤 글을 올리든 그분의 관심사는 늘 우주 어딘가에 있을지도 모를 생명체를 향해 있는 것 같았죠.

'우주', '천문' 하면 사람들이 가장 많이 생각하게 되는 것 중의 하나가 외계 생명체가 아닐까 싶습니다. 먼 우주에 보이는 천체에도 누군가 살고 있을까 하는 호기심은 모든 사람이 한 번쯤 품어 봤을 겁니다. 우리처럼 아등바등 살고 있을지, 훨씬 더 뛰어난 기술과 문명 속에서 더 행복할지, 아니면 매 순간을 전쟁 속에서 험난하게 살아갈지 상상의 나래를 펼치기도 합니다. 어쩌면 당연한 일 같습니다. 멀리 떨어져 있는 외부은하 구상성단의 나이나 중원소 함량 따위보다는, 어딘가 살고 있을지도 모르는 미지의 생명체가 우리의 상상력을 훨씬 더 자극하니까요.

외계 생명체는 말 그대로 지구나 태양계 이외의 천체에서 살아가는 생명체입니다. 인류가 지구 곳곳을 누비고 다니게 된 지도 얼마 되지 않았는데 지구 밖에 사는 생명체라니요! 그런 존재가 있다는 생각만으로도 흥미롭고 궁금해집니다. 게다가 외계 생명체가 있는 곳이라면 언젠가는 사람도 오염이 가득한 지구를 벗어나 그곳 생명체와 왕래하며 살 수 있지 않을까 하는 상상의 나래를 펼치기도 합니다. 어찌 보면 외계 생명체는 인류의 먼 미래와도 관련이 깊지요.

천문학자들도 외계 생명체를 찾기 위해 큰 노력을 기울여 왔습니다. 사람들에게 흔히 알려진 예 중의 하나는 1980년대에 시작된 '세티SETI' 프로그램입니다. 세티 프로그램은 우리가 지구 밖과 교신할 수 있는 유일한 수단인 빛, 그중에서도 가장 통신에 유리한 전파를 이용해서 외계 생명체와 직접 연락을 주고받는 방식으로 외계 생명체를 찾고자 했습니다. 쉽게 말하면 외계인들이 어디 있는지 모르니 그냥 사방팔방으로 문자 메시지를 보낸 거지요. 이런 방식은 적어도 전파를 통해 우리와 교신할 수 있을 정도로 지능이 높은 외계 생명체를 찾는 방법입니다. 당연하지만 이렇게 외계 생명체를 발견할 확률은 지극히 낮습니다. 그동안 전파망원경이 우주를 샅샅이 뒤져봤지만, 지금까지도 우주에서는 진심이 담긴 답장이 오지 않았습니다. '읽씹'인지 '안읽씹'인지는 모르지만 말이지요.

찾는 대상이 꼭 지능이 높은 외계 생명체가 아니라면 선택지는 좀 더 넓어집니다. 먼저 그런 생명체가 살 수 있을 만한 곳을 찾아야겠지요. 별은 표면 온도가 수천 도에 이르는 불지옥이기 때문에 아마 어떤 생명체도 살기는 힘들 겁니다. 결국 외계 생명체는 별 주위를 도는 행성이나 행성에 딸린 위성에 살고 있을 가능성이 큽니다. 태양계에서는 화성, 그리고 목성이나 토성의 위성들이 생명체가 살만한 천체 후보이지요. 이런 태양계 천체들을 대상으로는 앞으로 줄줄이 탐사 계획이 잡혀 있습니다. 적어도 우리가 닿을 수 있는 곳이니까요. 하지만 만약 태양계를 벗어나서 외계 생명체를 찾는다면, 그 일은 곧 외계행성을 찾는 일이 됩니다.

외계행성은 별이나 은하와는 다르게 스스로 빛을 내지 못하기 때문에 찾기가 몹시 어렵습니다. 수십억 광년 너머의 별이나 은하보다도 우리은하에 있는 외계행성이 훨씬 더 보기 힘들 정도이지요. 그래서 외계행성을 찾을 때는 외계행성을 거느리고 있을 별을 이용해서 찾습니다. 외계행성에도 중력이 있을 테니 별 주위에 외계행성이 있다면 중력에 이끌려 별이 미세하게 움직일 겁니다. 태양도 지구의 중력에 미약하게나마 이끌려서 조금씩 움직이고 있지요. 이 움직임을 잡아내서 외계행성의 존재를 알아내는 방법을 '시선속도 방법'이라고 합니다. 그리고 움직임이 아니라 밝기 변화를 통해 외계행성을 찾는 방법도 있습니다. 외계행성이 별 앞을 정면으로 가리면 별빛이 아주 조금 어두워지는데 이를 감지하는 거지요. 이러한 방법을 '항성면통과 방법'이라고 합니다. 이외에도 몇 가지 방법들이 더 있지만, 현재는 이 두 가지 방법이 가장 많이 쓰이고 있습니다.

어떤 방법이든 아주 미세한 변화를 감지해야 해서 성능이 굉장히 좋은 관측 기기가 있어야 합니다. 보통 지구 대기의 영향에서 자유로운 우주 망원경을 많이 이용하지요. 그리고 별의 움직임이나 밝기 변화가 보였다고 해서 무조건 외계행성이 있다는 뜻은 아니기 때문에 천문학자들은 외계행성 여부를 더 확실히 하고 행성의 크기, 질량, 온도, 대기 등을 자세히 알아내기 위해서 후속 관측도 수행합니다.

과거 '외계행성 사냥꾼'이라고 불렸던 케플러 우주 망원경은 2009년부터 2018년까지 수십만 개의 별들을 관찰하면서 항성면

통과 방법으로 외계행성 후보들을 발견하였습니다. 그러면 전 세계의 천문학자들이 지상 망원경까지 동원하여 더 자세한 분광 관측을 수행합니다. 그렇게 외계행성임을 확인하고 행성의 특성을 분석해 외계 생명체가 살 수 있는 곳인지도 짐작해 보는 거지요. 이렇게 해서 지금까지 케플러 망원경을 통해 약 2,600개의 외계행성이 발견되었습니다.

물론 그중에 생명체가 살 수 있을 만한 곳은 극소수입니다. 2장에서 지구도 기막힌 우연이라고 이야기했듯이, 외계행성도 액체 상태의 물, 적당한 대기, 오존층과 자기장 보호막 등이 갖춰져 있어야 생명을 품을 수 있습니다. 수천 개의 외계행성을 찾아도 여기에 해당하는 행성들은 열 개도 찾기 힘들지요. 그래도 지구처럼 표면이 바다로 덮여 있을 것으로 추정되는 '케플러-62f'나 '케플러-186f' 등의 외계행성이 발견된 적이 있습니다. 우리가 외계 생명체와 만나려면 앞으로도 이렇게 지구와 최대한 비슷한 환경에 있는 외계행성들을 많이 찾아내야 하겠지요.

최근에는 나사의 테스TESS 우주 망원경이 2018년부터 후배 외계행성 사냥꾼의 역할을 하고 있습니다. 케플러 망원경보다 훨씬 더 넓은 영역을 관측하면서 별빛을 미세하게 가리는 외계행성들을 잡아내고 있지요. 요즘도 테스 우주 망원경의 관측 자료를 이용한 논문이 일주일에 최소 한두 편씩은 올라올 정도로 연구가 활발합니다. 원리는 조금 다르지만 2015년부터 진행 중인 우리나라의 외계행성탐색시스템KMTNet도 우리은하 중심 방향의 외계행성들을 찾는 데 기여하고 있습니다. 호주, 칠레, 남아프리카공화국의 천문대를 이용하면서 지구와 질량이 비슷한 외계행성들을 찾아내기도 했지요.

외계행성 하나하나를 소수정예로 자세히 탐구하는 관측 기기도 있습니다. 2020년부터 관측을 시작한 유럽 우주국의 키옵스CHEOPS 우주 망원경이 대표적인 예이지요. 테스 우주 망원경이 관측 시야로 승부한다면 키옵스 우주 망원경은 정밀함으로 승부합니다. 발견된 외계행성의 크기나 질량을 아주 정확하게 측정할 수 있지요. 그러면 그 행성의 밀도를 알 수 있고, 지구처럼 암석 표면으로 되어 있는지 목성처럼 가스 행성인지도 알 수 있습니다. 가스 행성이라고 해서 꼭 생명체가 없으란 법은 없지만, 아직 우리는 암석 행성에서 살아가는 외계 생명체 위주로 상상하고 있습니다. 키옵스 우주 망원경은 그런 면에서 생명체가 살만한 외계행성을 걸러내는 데 큰 도움을 줄 겁니다.

외계행성을 들여다볼 차세대 우주 망원경도 2020년대 중반을 목표로 준비되고 있습니다. 나사의 로만 우주 망원경Roman Space Telescope은 수천 개의 외계행성을 발견함과 동시에 주변 별빛을 가리는 장치까지 이용해서 외계행성들을 더 자세히 관측할 예정입니다. 유럽 우주국의 플라토PLAnetary Transits and Oscillations of stars 우주 망원경은 지구처럼 암석으로 된 행성들, 그중에서도 액체 상태의 물이 존재할만한 곳을 집중적으로 파고들 계획입니다. 앞으로는 외계 생명체의 흔적을 만날 가능성이 점점 더 커지겠지요. 우리가 처음으로 만나게 될 외계 생명체는 과연 어떤 모습일까요? 무엇을 상상하든 그 이상을 보여주지 않을까요? 어쩌면 우리가 지닌 생명체에 대한 관념 자체를 송두리째 흔들어버릴지도 모르지요. 우리는 호기심의 나침반을 들고 만난 적 없던 이웃을 찾아 지금도 눈을 바삐 움직이고 있습니다.

별빛을 내는 '우주의 세포들'

생명체를 구성하는 기본 단위가 세포라면 우주를 구성하는 기본 단위는 뭘까요? 대부분 별을 떠올릴 겁니다. 별들이 모여서 은하를 이루고 은하들이 모여서 우주를 이루니까요. 만약 우주가 살아 있는 생명체라면 별은 우주의 세포들이겠지요. 진짜 세포처럼 별 내부의 구조도 상당히 복잡하고 일생도 다양합니다. 물론 천문학자들은 같은 질문에 괜히 심각해져서 다른 대답을 내놓을지도 모릅니다. 실제로 우주는 별이나 은하처럼 보이는 것보다 보이지 않는 것이 훨씬 더 큰 비중을 차지하고 있으니까요. 아무튼 정답이 있는 질문은 아니니 너무 진지해지지는 않도록 하지요.

3장에서 살펴봤듯이 별은 성간물질이 중력으로 뭉쳐서 만들어집니다. 만약 성간물질이 수축하여 막 만들어지기 시작한 원시 별들을 직접 볼 수만 있다면 별과 주변의 행성이 어떻게 만들어지는지 훨씬 더 잘 알 수 있겠지요. 더 나아가 우리 태양계가 어떻게 지금의 모습이 될 수 있었는지에 대한 아이디어도 얻을 수 있을 겁니다. 하지만 그동안은 이 과정을 직접 관측하기가 쉽지 않았습니다. 원시 별들이 내뿜는 빛은 세기가 약한 데다가 주변의 성간 물질이 뿌연 먼지처럼 관측을 방해하기 때문이었습니다.

전파망원경은 이런 관측 한계를 넘어서는 데 중요한 역할을 해주었습니다. 전파는 파장이 길어서 뿌연 먼지들을 어느 정도 통과할 수 있기 때문입니다. 특히 2011년부터 관측을 시작한 전파 망원경 '아타카마 대형 밀리미터파 간섭계ALMA', 알마의 활약이 돋보였지요. 무려 66개의 전파 안테나로 이루어진 알마는 이전의 전파 관측 장비들보다 훨씬 더 감도도 좋고 해상도도 높았습니다. 지금도 관측천문학자들 사이에 경쟁이 치열해서 매년 모집하는 알마 관측 제안서는 통과되기가 상당히 까다롭지요. 저도 호기롭게 도전해 봤다가 세부적인 준비가 부족해서 고배를 마셨던 기억이 납니다.

알마로 관측하면서 얻은 가장 유명한 사진 중 하나는 원시 별과 그 주변에 생긴 성간물질 원반의 사진입니다. 처음 별이 태어나면서 주변의 성간물질이 그 원시 별의 중력에 이끌려 원반처럼 별 주위를 돌고 있는 모습을 포착한 것이지요. 이렇게 생긴 원반 모양의 구조를 '원시 행성계 원반protoplanetary disk'이라고 합니다.

(그림 27) 알마는 이런 원시 행성계 원반 수십 개를 관측하였고, 덕분에 천문학자들은 이전에는 볼 수 없었던 관측 자료들을 받아서 아주 자세히 원시 별의 상태를 조사할 수 있었습니다. 심지어 원시 별 주위의 원반에서 원시 행성까지 찾아내기도 하였지요. 아마도 수십억 년 전 태양과 지구의 어릴 적 모습이 그와 비슷했을 겁니다. 알마는 앞으로도 갓 태어난 아기별들의 돌사진을 많이 찍어줄 예정입니다.

별의 탄생뿐 아니라 별의 최후도 흥미롭습니다. 무거운 별은 마지막 순간에 온몸으로 엄청난 에너지를 내뿜으며 초신성이 되지요. 3장에서 자세히 이야기하지는 않았지만 사실 초신성은 유형도 아주 다양하고 아직도 정확한 기원을 모르는 경우가 많습니다. 초신성이 폭발할 때 수소나 헬륨을 지니고 있는지, 쌍성을 이루어서 폭발하는지 아니면 혼자 폭발하는지, 별 주위에 어떤 물질이 얼마나 있는지 등에 따라 모습이 다 다르게 나타나기 때문입니다. 게다가 꼭 무거운 별이 아니라 백색왜성같이 비교적 가벼운 별도 초신성으로 폭발하곤 하지요.

초신성의 정체를 파악하는 가장 기본적인 방법은 시간에 따른 초신성의 밝기 변화를 측정하는 것입니다. 천문학자들은 이를 초신성의 광도 곡선이라고 부르지요. 광도 곡선을 그리면 초신성이 폭발 후 며칠 동안 얼마나 밝아지는지, 그리고 언제 다시 어두워지는지를 파악할 수 있어 초신성의 특성과 기원을 아는 데 큰 도움이 됩니다. 그런데 문제는 밤하늘에서 초신성이 언제 어디서 폭발할지를 모른다는 겁니다. 그러니 초신성을 연구하는 팀에서는 밤마다 연구원들이 번갈아 가면서 대기를 하는 수밖에 없습니다. 폭발한 초신성을 포착하자마자 곧바로 관측해야 제대로 된 광도 곡선을 구할 수 있으니까요. 그리고 초신성이 터졌는데 우리나라가 낮이면 낭패일 테니 다른 나라의 관측소와 협업하는 일도 꼭 필요합니다.

다행스럽게도 천문학이 국경을 초월하고 외국의 관측소도 원격 관측을 통해 이용할 수 있게 되면서 초신성 연구는 점점 활기를 띠고 있습니다. 국내에서는 서울대학교 초기우주천체연구단 팀에서 진행하는 'Intensive Monitoring Survey of Nearby Galaxies(약칭 IMSNG)' 프로젝트가 있습니다. 우리나라를 비롯해 미국, 우즈베키스탄, 호주, 칠레 관측소까지 참여하는 관측 탐사이지요. 이 팀의 대학원생 선배들은 '해도 달도 지지 않는 천문대'라며 농담을 하기도 합니다. IMSNG 프로젝트는 가까운 은하 위주로 계속 감시하듯이 관측을 하다가 초신성이 발견되면 재빨리 광도 곡선을 구해 여러 성질을 연구합니다. 지금까지도 여러 성과가 있었던 만큼 앞으로도 흥미로운 초신성을 찾아낼 것 같습니다. 외국에서도 슬론 디지털 하늘 탐사나 허블 우주 망원경 등을 이용한 여러 탐사 프로젝트가 진행되고 있는 만큼 별의 최후는 점점 더 그 베일을 벗을 테지요.

시간을 훨씬 더 거슬러 올라가서 우주 첫 세대의 별을 찾는 것도 재미있을 겁니다. 천문학자들은 빅뱅 대폭발로 우주가 생겨난 이후 약 1억 년 후에 첫 세대의 별이 탄생했으리라 예측합니다. 그전에는 우주가 너무 뜨거운 상태라 물질들이 중력수축을 하기가 힘들었기 때문이지요.

첫 세대 별들은 현재 태양 같은 별과는 꽤 다른 모습이었을 겁니다. 일단 중원소들이 아예 없이 수소와 헬륨만으로 이루어졌을 가능성이 크지요. 우주에는 시간이 흐르면서 무거운 별이 만들어내는 중원소들이 초신성 폭발 등으로 퍼지며 쌓여갑니다. 태양도 50억 년 전에 태어난 별이라 약 2%의 무거운 원소를 가지고 있습니다. 보통 우리가 지금 볼 수 있는 오래된 별들은 보통 중원소 함량이 태양의 수백 분의 일 정도인데, 첫 세대의 별은 중원소 함량이 거의 0이었을 겁니다. 그러니 가벼운 수소와 헬륨이 더 많이 뭉쳐야만 별이 만들어질 수 있겠지요. 그래서 천문학자들은 첫 세대의 별이 아주 크고 또 태양 질량의 수백 배 이상 무거웠을 것으로 추정하고 있습니다.

허블 우주 망원경의 뒤를 이을 차세대 우주 망원경, 제임스 웹 우주 망원경의 주요 목표 중 하나가 바로 최초의 별을 찾는 것입니다. 허블 우주 망원경보다 2배 이상 더 큰 망원경으로 적외선을 이용해 먼 우주까지 볼 수 있지요. 그래서 많은 관측천문학자들이

2021년 연말에 성공적으로 발사되어 얼마 전 첫 성능 테스트로 반짝이는 별 사진까지 보내온 제임스 웹 우주 망원경에 큰 기대를 하고 있습니다. 더 먼 우주로 시간을 거슬러 올라가면 분명 별의 첫 세대가 어떠했는지 알 수 있겠지요.

별의 탄생과 죽음, 그리고 먼 우주에서 보일 별의 조상님까지. 별들은 우주에 자리 잡고 살면서 여러 모습을 보여주는 세포들 같습니다. 그러니 별의 이모저모를 알아보는 건 천문학에서 절대 빼놓을 수 없는 일이겠지요. 그래서 앞으로도 천문학자들은 계속 별빛의 바다를 항해해 나갈 겁니다.

은하 지도 그리기

학창 시절에 새 학기가 시작되어 새 교과서들을 받으면 저는 항상 사회과부도부터 펼쳐보곤 했습니다. 백지도에 세계 여러 나라를 그려 넣고 낙서하는 게 무척 재미있었지요. 지도를 그리는 일은 그 자체만으로도 세상에 대한 우리의 호기심을 보여줍니다. 지도를 보면 어디에 뭐가 있는지, 누가 살고 있는지, 어떻게 가야 하는지를 직접 헤매지 않고도 알 수 있습니다. 그래서 사람들은 직접 걸어 다니고 바다를 건너다니며 지도를 그려왔지요. 대항해 시대와 인공위성 시대를 지나오면서 이제 지구의 지도는 완성되었습니다. 앞으로는 우주로 눈을 돌려서 우주의 백지도를 채워볼 차례겠지요.

우주의 지도를 그리기 위해서 가장 먼저 할 수 있는 일은 지구와 태양계가 속한 우리은하의 지도를 그리는 것입니다. 섀플리와 커티스가 대논쟁을 벌이던 20세기 초부터 천문학자들은 우리은하에 있는 별이나 성단을 통해 우리은하의 크기를 추정하기 시작했습니다. 관측 기술이 발전하면서 우리은하의 별과 성단을 더 많이 볼 수 있게 되었고, 그만큼 은하수의 자세한 구조나 모양도 파악할 수 있었지요.

우리은하 지도를 그리기 위해 가장 중요한 것은 거리를 잴 수 있는 '줄자'입니다. 밤하늘은 그냥 보면 2차원으로만 보이기 때문에 실제로 3차원 지도를 그리고 싶다면 천체들까지의 거리를 반드시 알아야겠지요. 4장에서도 나왔지만, 우리은하에서 이용할 수 있는 가장 기본적인 줄자는 연주시차입니다. 연주시차는 미세한 각도 차이를 재야 하므로 지상 망원경보다는 우주 망원경으로 관측해야 더 멀리까지 거리를 구할 수 있는 방법이지요.

1989년 발사된 히파르코스 위성은 4년 동안 수백만 개의 별을 관측하여 연주시차로 거리를 측정하였습니다. 그 결과, 2000년에는 약 250만 개 별의 목록이 발표되었지요. 하지만 히파르코스 위성의 연주시차 관측만으로는 잴 수 있는 거리가 수백 광년 정도에 불과했습니다. 게다가 우리은하에는 수만 광년에 걸쳐 수천억 개의 별이 있는데 거기에 비하면 너무 미미한 수준이었습니다.

그래서 이후 가이아 위성이 2013년에 발사되며 히파르코스 위성의 임무를 이어받았지요. 가이아 위성은 거의 2천만 분의 1도 이상의 정밀도로 연주시차를 측정할 수 있습니다. 1만 광년 너머에 있는 별도 연주시차로 거리를 잴 수 있지요. 지금까지는 밝기와 연주시차 거리가 포함된 약 15억 개 정도의 별 목록을 발표하였습니다. 여전히 우리은하의 별 전체 개수에 비하면 소수이지만, 일단 별 개수 단위가 억 개로 올라온 것만으로도 격세지감을 느낄 수 있지요. 가이아 위성의 최종별 목록은 2022년 상반기에 발표되었습니다.

우리은하의 별 입체 지도를 만들겠다는 야심 찬 가이아 위성 프로젝트 덕분에 지금도 관련 연구가 쏟아져 나오고 있습니다. 새롭게 거리가 알려진 별과 성단들로 우리은하 지도의 빈틈이 빠르게 메워지고 있지요. 더 놀라운 것은 우리은하가 아닌 이웃 은하들까지 가이아 위성이 그리는 지도에 포함되고 있다는 겁니다. 몇 개의 왜소은하들이 우리은하와 가까운 곳에서 서로 끌어당기며 영향을 주고 있는데, 가이아 위성은 그런 이웃 은하들의 별도 지도에 그려 나가고 있습니다. 정말 은하수 여기저기에, 심지어 이웃 은하들까지도 줄자를 편 셈이지요.

그런데 이미 우리가 알다시피, 은하수 지도를 아무리 자세히 그린다고 해도 우주 전체에서는 극히 일부에 지나지 않습니다. 우리은하를 벗어나면 무수히 많은 외부은하의 향연이니까요. 외부은하 관측 자료가 쏟아지고 백억 광년 너머의 은하도 볼 수 있는 지금, 우리는 그 은하들의 분포를 통해 우주 전체의 지도도 그릴 수 있습니다. 은하들의 적색이동 값을 가지고 거리를 대략 추정해서 가이아 위성의 우리은하 지도와 마찬가지로 '우주의 은하 지도'를 그리는 것이지요.

천문학자들은 1980년대부터 본격적으로 우주 지도를 그리기 시작했습니다. 외부은하 관측 자료가 그만큼 많이 쌓였기 때문이지요. 밤하늘의 넓은 영역을 체계적으로 관측하는 슬론 디지털 하늘 탐사 같은 큰 규모의 관측이 이루어지면서 우주 지도의 빈칸은 점점 은하로 메워졌습니다. 그런데 놀라운 점이 있었습니다. 은하가 무작위로 분포하지 않고 어떤 패턴을 보였던 겁니다. 어떤 곳은 은하가 많이 모여 있었지만, 어떤 곳은 은하가 거의 없어 텅 빈 곳도 있었지요. 은하들의 분포가 서로 얽히고설키며 우주는 마치 은하로 만들어진 거미줄 같은 모양을 띠고 있었습니다. 언뜻 생각하면 우주는 아주 크고 은하는 우주를 이루는 아주 작은 부분에 불과하니, 우주 전체로 보면 은하가 우주를 빈틈없이 빼곡히 메울 것 같았는데 말이지요. 거미줄 같은 우주 지도를 보고 천문학자들은 우주가 어떤 거대한 구조를 이루고 있다고 생각하여 '우주 거대구조'라는 이름을 붙였습니다. 비유적인 표현으로 우주 거대구조나 그 일부를 뜻하는 '우주 거미줄', '우주 필라멘트', '거대한

벽', '신의 손가락' 같은 말도 많이 쓰이게 되었지요. (그림 28)

    우주 전체의 은하 지도를 그리는 일은 우리가 알고 있는 우주론이 실제로 잘 맞는지를 검증하는 데 아주 중요합니다. 5장에서는 빅뱅우주론과 정상우주론의 싸움만 다루었지만, 빅뱅우주론이 승리했다고 해서 우주론 논쟁이 끝난 것은 아닙니다. 빅뱅우주론 안에서도 구체적인 부분에서는 항상 논쟁이 있었고 지금도 진행 중인 경우가 많습니다. 빅뱅 대폭발 이후 어떤 곳에서, 얼마나 많은 은하가, 어느 정도의 속도로, 만들어져 지금에 이르는지 등은 학자마다 예측하는 방향이 조금씩 달랐습니다. 하지만 우주 거대구조를 지도에 그려가면서 그런 논쟁이 서서히 해결되기 시작했지요. 지구 전체의 지도를 그려보면 지구가 생겨나서 바다가 표면 대부분을 차지하고 있는지 아니면 육지가 대부분인지를 분명히 알 수 있는 것처럼, 우주 지도에서 우주 거대구조도 그런 역할을 해준 셈입니다.

    은하수 지도와 마찬가지로 우주 지도를 그리기 위해서도 은하까지 거리를 아는 것이 중요합니다. 그러니 적색이동 값을 구하기 위한 분광기가 필수겠지요. 그래서 앞으로도 외부은하 분광 탐사는 끊이지 않을 겁니다. 2020년에 처음으로 데이터를 공개한 '헥토맵 프로젝트'는 북반구 하늘에서 보름달 300개 정도에 해당하는 영역의 지도를 그리고 있습니다. 슬론 디지털 하늘 탐사,

하와이의 스바루 망원경, 미국 애리조나의 6.5m MMT 망원경 multiple mirror telescope 등에서 관측한 데이터를 총동원해서 우주 거미줄을 들여다보고 있지요. 2024년 발사될 스피어엑스 탐사선은 우주로 올라가서 적외선 파장대로 눈을 넓혀 더 멀리 관측할 예정입니다. 헥토맵이나 스피어엑스 프로젝트에는 우리나라의 천문학자들도 많이 참여하고 있습니다. 그래서 학회나 워크숍에서 선배님들께 관련 이야기를 많이 들었던 기억이 납니다. 2020년대에는 이렇게 우리은하의 전체 모습을 조망할 수 있는 별 지도와 더불어 (그림 29) 우주의 은하 지도까지 신나게 우주 백지도를 채워볼 수 있을 것 같습니다.

보이지 않는 것이
우주를 지배한다!

우주 공간의 흑마술사, 암흑 에너지

앞에서 우주는 보이는 것보다 보이지 않는 것이 대부분을 차지하고 있다고 얘기한 걸 기억하시나요? 지금까지 거의 다루지 못했던 부분을 이제 이야기할 때가 온 것 같습니다. 가장 최근에 나온 플랑크 위성의 우주배경복사 관측 연구에 따르면, 우주 전체의 에너지는 암흑 에너지가 약 69%, 암흑물질이 약 26%, 그리고 우리가 아는 일반적인 물질이 약 5% 정도를 차지하고 있습니다. 눈에 보이는 별, 행성, 위성, 성운, 성단, 은하 이 모든 천체를 다 합쳐봐야 우주 전체에서는 5%라는 뜻이지요. 지금까지 우주에 대해 실컷 얘기해 놓은 게 겨우 5%라니, 한편으로는 조금 허무하기도 합니다.

그래서 도대체 그 암흑 에너지와 암흑물질이 뭐냐고요? 여기서 앞에 붙은 '암흑'이라는 말은 단어 그대로 검은색이란 뜻이 아니라 그냥 모른다는 의미입니다. 천문학자들이 아직 정체를 모르는 대상이기 때문에 붙여둔 이름이지요. 그러니 저인들 알겠습니까. 물론 암흑 에너지와 암흑물질이 정확히 무엇으로 이루어졌는지 그 실체를 모를 뿐, 이들이 어떻게 행동하는지는 알고 있습니다. 암흑 에너지는 우주의 공간 자체가 지닌 에너지로 우주를 점점 더 빠르게 가속 팽창시키는 역할을 합니다. 암흑물질은 중력을 가지고 다른 물질을 끌어당기지만, 빛을 전혀 내지도 않고 흡수하지도 않아서 관측할 수가 없습니다. 언뜻 생각하면 천문학자들은 왜 이렇게 알지도 못하는 에너지나 물질을 굳이 생각해 내는 걸까 싶겠지만, 이런 미지의 대상이 존재한다고 가정하지 않는다면 관측 결과들을 설명할 수가 없습니다.

우주의 줄자 이야기를 여러 번 한 적이 있습니다. 가장 가까이는 연주시차, 가까운 외부은하들까지는 세페이드 변광성이라는 거리 줄자를 이용할 수 있지요. 이외에도 다양한 줄자가 있는데, 수십억 광년 너머의 먼 우주를 보려면 은하만큼 밝은 초신성을 이용합니다. 특히 천문학자들이 'Ia형'이라고 분류하는 종류의 초신성은 멀리 있는 천체들의 거리를 알려주는 촛불입니다. 그래서 좋은 거리 줄자로 이용할 수 있습니다. Ia형 초신성을 관측해서 광도 곡선을 구한 다음, 몇 가지 표준화 방법만 거치면 초신성의 절대 밝기가 일정하게 나타난다는 특징이 있지요. 그러니 먼 우주의 초신성을 제대로 관측할 수만 있다면 겉보기 밝기와 절대 밝기의 차이를 이용해 초신성까지 거리를 알 수 있습니다.

이런 아이디어로 1990년대에 Ia형 초신성 관측 연구를 하며 서로 경쟁하던 두 연구팀이 있었습니다. 미국 천문학자 솔 펄머터가 이끌며 1988년에 시작된 '초신성 우주론 프로젝트Supernova Cosmology Project' 팀, 그리고 1994년 호주 천문학자 브라이언 슈미트가 만든 '고적색이동 초신성 탐색High-redshift Supernova Search' 연구팀이었지요. 두 연구팀은 가까운 우주에 있는 초신성 관측 자료를 모으고, 먼 우주에 있는 초신성을 새로 관측하면서 우주의 팽창 속도가 어떻게 변해왔는지를 연구하고자 했습니다. 우주의 팽창 속도가 현재 알려진 값(326만 광년마다 초속 약 70km) 그대로 유지된다고 했을 때 예상되는 초신성들의 밝기와 거리를 실제로 관측하여 얻은 값과 비교하면 되겠지요. 원래 두 연구팀은 우주가 과거에는 팽창 속도가 빨랐다가 지금은 느려졌으리라 예상했습니다. 우주에는 언제나 물질들끼리 서로 끌어당기는 중력이 있었기 때문이지요. 그래서 적색이동 값이 커질수록 Ia형 초신성들은 예상보다 가깝고 밝게 보이리라 추측했습니다. 과거에는 팽창 속도가 지금보다 빨랐을 테니 같은 후퇴 속도를 보이는 데 필요한 거리 간격이 짧을 테니까요.

하지만 1998년, 시간 차를 조금씩 두고 발표된 두 팀의 논문 결과는 세상을 떠들썩하게 만들었습니다. 먼 우주에 있는 초신성의 밝기가 예상보다 30% 정도 더 어두웠던 거지요. 당연히 밝게 보일 거라 생각했고 얼마나 밝게 보일지가 문제였던 건데, 전혀 예상하지 못했던 결과였습니다. 각 팀의 천문학자들은 서로 교차 검증도 해보며 의심을 거두지 못했지요. 그래도 충격적인 결과는 변함이 없었습니다. 과거 우주의 팽창 속도는 지금보다 오히려 느렸습니다. 즉, 우주의 팽창 속도는 시간이 지나면서 점점 빨라지고 있었습니다.

우주가 가속 팽창을 한다면 가속시켜 줄 수 있는 어떤 에너지가 필요했습니다. 아무런 힘도 에너지도 없는데 혼자 점점 더 빠르게 팽창한다는 건 우리의 물리학 개념으로는 이해할 수 없는 일이니까요. 하지만 도대체 어떤 말도 안 되는 힘이 우주 공간 자체를 가속 팽창시킬 수 있는지는 상상조차 하기 힘들었습니다. 중력을 거스르는 흑마술이라도 부리는 걸까요? 그래서 천문학자들은 알 수 없는 이 에너지를 '암흑 에너지'라고 부르기로 했습니다. 암흑 에너지는 우주 공간의 팽창을 더 빠르게 만들며, 우주의 어떤 천체나 물질과는 관련 없이 우주 공간 자체가 지닌 에너지이지요. 우주 가속 팽창과 암흑 에너지 발견의 공로로 두 연구팀의 천문학자 세 명(솔 펄머터, 브라이언 슈미트, 애덤 리스)이 2011년에 노벨상을 받았습니다. 그때 저는 갓 천문학과에 입학해 천문학을 공부하기 시작하던 때라 신기한 눈으로 뉴스를 봤던 기억이 납니다.

지금은 Ia형 초신성 연구 결과 외에도 몇 가지 관측 사실이 우주 가속 팽창을 지지하고 있습니다. 하지만 암흑 에너지에 대해서는 지금도 아는 바가 거의 없습니다. 흑마술의 비밀에 대해서 도무지 갈피를 못 잡는 것이지요. 그러다 보니 암흑 에너지의 존재 자체를 의심하는 천문학자들도 있습니다. 연세대학교 이영욱 교수 연구팀은 Ia형 초신성의 밝기가 일정하다는 사실에 의문을 품고 우주의 가속 팽창을 부정하는 연구 논문을 2019년에 발표하기도 했습니다. 아직 암흑 에너지가 무엇인지도 모르는 데다 존재 여부도 여러 천문학자의 의견이 갈리는 부분이지요.

결국 정답은 관측, 관측밖에 없습니다. 더 많은, 더 멀리 있는, 더 다양한 은하에 있는 Ia형 초신성을 관측해서 우주의 팽창 속도 변화를 더 정밀하게 측정해야 하지요. 그래서 '암흑 에너지'라는 이름을 붙여서 진행하고 있는 분광 관측 탐사 프로젝트들이 많습니다. 대표적으로는 남반구 하늘의 4분의 1 정도를 탐사하는 '암흑 에너지 탐사DES' 프로젝트가 있지요. 이 프로젝트에 이용되는 관측 기기 이름도 칠레의 블랑코 망원경에 달린 '암흑 에너지 카메라'입니다. 육각형 모양으로 밤하늘 담는 관측 기기이지요. 암흑 에너지 탐사는 2013년부터 시작되어서 6년 동안 약 3억 개의 은하들과 수천 개의 초신성을 관측하여 앞으로 천문학자들이 해야 할 일을 아주 많이 쌓아놓았습니다. 2019년부터 관측하고 있는 미국 애리조나의 '암흑 에너지 분광기기DESI'도 있습니다. 슬론 디지털 하늘 탐사에 이용된 망원경보다 큰 4m 망원경을 이용해서 북반구와 남반구 하늘을 샅샅이 훑고 있지요. 아마 암흑 에너지의 정체에 가까워지려면 먼저 암흑 에너지 탐사와 암흑 에너지 분광 기기에서 쏟아져 나오는 자료들부터 눈을 비벼가며 분석해야 할 겁니다.

소 닭 보듯, 암흑물질 빛 보듯

암흑 에너지가 우주 공간 전체를 늘리는 에너지라면, 암흑물질은 중력을 가지고 우주 공간 부분 부분에 웅덩이를 만들어 물질을 불러 모읍니다. 우주의 목수 같은 역할을 하지요. 암흑물질이 우주 여기저기에 자리 잡고 집을 지어 놓으면 물질들이 중력에 이끌려 몰려듭니다. 그리고 거기서 은하가 만들어지고 별이 태어나지요. 그러니 지금 우리가 보는 은하나 은하단, 우주 거대구조의 뼈대를 만든 것도 암흑물질입니다. 뜨거웠던 초기 우주에서 암흑물질이 먼저 자리를 잡지 않았다면 별과 은하가 만들어지기까지는 훨씬 더 오랜 시간이 걸렸을 겁니다.

1930년대 스위스의 천문학자 프리츠 츠비키는 은하단에 있는 은하들의 움직임을 측정하는 연구를 하고 있었습니다. 그런데 은하단에 속한 은하들이 너무 빠르게 움직이고 있다는 점을 깨달

왔지요. 눈에 보이는 은하들을 가지고 계산한 중력만으로는 그렇게 빠른 속도가 나올 수 없었습니다. 그 정도로 빠른 은하들을 은하단에 잡아두려면 계산된 값보다 훨씬 더 센 중력이 필요했지요. 그래서 츠비키는 은하단에 눈에 보이지 않는 '암흑물질'이 또 다른 중력을 지니고 있으리라고 예측했습니다. 하지만 당시에는 외부은하에, 우주 팽창에 천문학자들을 괴롭히는 일들이 많아서 그랬는지 암흑물질은 그다지 주목을 받지 못했습니다.

암흑물질이 다시 주목을 받게 된 건 한참 뒤인 1970년대였습니다. 미국 워싱턴 카네기 연구소의 천문학자 베라 루빈과 켄트 포드는 나선은하들에 속한 별과 가스가 은하 중심을 회전하는 속도를 구하고 있었지요. 그런데 여기서 츠비키가 만났던 문제와 비슷한 문제를 만납니다. 예상대로라면 은하 중심에서 멀어질수록 중력이 약해질 테니 회전 속도도 느려져야 하는데, 놀랍게도 은하 외곽에서 별과 가스의 회전 속도는 거의 줄어들지 않았습니다. 우리은하만 그런가 했는데 안드로메다은하와 다른 나선은하들도 모두 비슷한 경향을 보이고 있었지요. 은하 중심에서 멀리 떨어진 곳에서도 별과 가스를 움직이는 또 다른 중력이 있었던 겁니다. 천문학자들은 이제야 보이지 않는 물질의 중력을 인정하기 시작했습니다. 그리고 암흑물질이 거의 모든 은하에서 일반적인 물질보다 10배 가까이 더 많다는 사실도 알게 되었지요.

많은 천문학자가 암흑물질의 존재를 알게 되었지만 암흑 에너지와 마찬가지로 그게 무엇인지는 여전히 모릅니다. 암흑물질은 빛과는 전혀 상종하지 않아서 빛을 받지도 않고 내지도 않지요. 우주의 언어인 빛을 대놓고 무시하는 암흑물질이다 보니 도무지 직접 관측을 할 수가 없습니다. 그래도 암흑 에너지와는 달리 암흑물질에 대해서는 몇 가지 후보 물질과 가설이 세워져 있습니다. 암흑 에너지에 대한 우리의 지식이 코끼리가 있는 줄도 모르는 수준이라면, 암흑물질에 대한 지식은 눈 가리고 코끼리 코라도 만지는 정도는 되는 것 같습니다.

물론 암흑물질의 존재도 의심하는 천문학자들이 있습니다. 암흑물질이 보이지 않는 또 다른 중력을 가진 게 아니라, 애초에 우리가 알고 있는 중력 법칙 자체에 약간의 오류가 있다는 주장이지요. 이렇게 해서 나온 이론이 뉴턴의 중력 법칙을 수정했다고 하여 '수정 뉴턴 역학'이라고 합니다. 아직 관측 사실들을 많이 설명하지는 못하고 있어서 천문학계에서 주류로 인정받지는 못하지만, 그래도 많은 학자가 꾸준히 논문을 발표하며 연구하고 있지요.

암흑물질은 천문학자들이 보는 망원경만으로는 쉽게 정체를 드러내지 않을 것 같습니다. 암흑물질 입자들이 밀도가 높은 환경에서 서로 충돌하면 빛을 낼 것으로 예측하는 사람도 있지만, 아직 확실한 관측 증거가 나오지는 않고 있지요. 입자 이론에 통달한 물리학자들도 발 벗고 나서서 암흑물질 검출기나 입자 가속기 등을 통해 연구하고 있지만 쉽지 않습니다. 빛과는 지독하게 어울

려주지 않는 암흑물질이 언젠가 빛이 아닌 다른 언어로 우리에게 모습을 드러내는 날이 올까요? 암흑물질은 지금도 하늘에서 쏟아지며 우리 몸을 통과하고 있을 텐데 말입니다.

우주 시공간은 중력파를 싣고

"여러분, 우리는 중력파를 검출해 냈습니다. 우리가 해냈습니다(Ladies and Gentleman, we have detected gravitational waves. We did it!)!"

2016년 2월 11일, 칼텍의 물리학 교수 데이비드 라이츠의 첫마디가 울려 퍼지자 박수갈채가 쏟아졌습니다. 이 한마디에는 마침내 성공했다는 여유와 자신감, 그리고 그동안의 고생이 담겨 있었지요. 중력파 검출 소식은 중대 발표로 전 세계에 유튜브로 생중계되었기에 저도 퇴근 후에 시간을 맞춰서 봤습니다. 라이츠 교수가 정말 또박또박한 영어 발음으로 결과를 짚어줘서 귀에 쏙쏙 들어오던 기억이 납니다. 그때는 이런 발표 장면을 보는 게 처음이라 뭔가 신기하면서도 이 역사적인 순간을 기숙사 침대에 드러누워서 봐도 되나 싶은 생각이 들기도 했지요.

이때 전 세계를 들뜨게 만든 주인공은 그동안 우리가 흘려보내기만 했던 우주의 또 다른 언어, 중력파였습니다.

'중력은 우주 시공간을 휘게 만든다.' 1915년 아인슈타인이 발표한 일반상대성이론의 한 줄 요약입니다. 설명을 위해서 흔히

드는 비유가 얇고 탄력 있는 고무판 위에 올려놓은 무거운 쇠구슬입니다. 쇠구슬을 올려놓으면 평평했던 고무판이 쇠구슬의 무게에 의해 휩니다. 물론 고무판은 평면이고 우주는 시공간이니 차원이 다르지만 이렇게나마 와닿게 표현하는 거지요. 중력이 강할수록 시간과 공간은 더 크게 왜곡됩니다. 영화 '인터스텔라'에 나오는 밀러 행성에서는 3시간만 보내도 지구 시간으로 무려 23년이 흘러버리지요. 밀러 행성은 블랙홀에 아주 가까워서 중력이 강하다 보니 시간이 크게 왜곡되어 버렸기 때문입니다. 그래서 인듀어런스 호에 남아 행성 착륙조를 홀로 기다리던 로밀리는 20년 넘게 지독한 외로움을 견디면서 폭삭 늙어버립니다.

일반상대성이론은 우리가 믿었던 시간과 공간마저도 절대불변이 아니라고 주장하며 또 한 번 사람들의 인식을 뒤집어 놓았지요. 아인슈타인은 여기서 더 나아가 재미있는 예측을 했습니다. 만약 중력을 지닌 물체가 힘을 받아 움직인다면 우주 시공간이 출렁거리면서 시공간의 파동이 나오지 않겠느냐 하는 것이었지요. 고무판 위에 얹은 쇠구슬을 이리저리 굴리거나 튕기면 고무판도 진동할 테니까요. 이게 바로 처음으로 나온 '중력파'의 개념이었습니다. 중력을 지닌 물체가 가속 운동하면서 생기는 시공간의 떨림이지요. 만약 중력파를 실제로 잡아낼 수만 있다면, 빛과 함께 우주를 가로지르는 또 다른 언어를 익히게 되는 것과 같았습니다.

하지만 아인슈타인 본인이 계산하기에도 중력파의 세기는 너무 약했습니다. 중력파의 세기는 태양과 지구 사이의 거리를 수소 원자 크기만큼 진동시키는 정도였으니까요. 상상이 가시나요? 중력파가 존재할 거라는 예측은 했지만 그걸 검출해서 증명하려면 엄청난 정밀도의 측정 기기가 필요했던 겁니다. 시간도 길게 걸리지요. 우주배경복사 관측보다도 훨씬 더 어려운 일이었으니까요.

1960년대에는 조제프 웨버라는 미국 학자가 알루미늄 막대로 중력파가 시공간을 진동시키는 정도를 처음 측정하였습니다. 그리고 실제로 중력파 검출에 성공했다고 발표하기도 했지요. 하지만 이내 많은 동료 학자들의 반박을 받고 문제가 드러나며 중력파 검출에 실패했습니다. 웨버의 첫 시도는 실패했지만, 이후에도 천문학자들은 쉽게 포기하지 않고 여러 아이디어를 가지고 중력파를 찾아내려고 노력했습니다. 하지만 중력파가 워낙 약하다 보니, 결국 20세기에 중력파 검출의 꿈은 이루어지지 못했습니다. 빛이 아닌 중력파라는 '외국어'를 배우기엔 한참 부족했던 거지요.

시행착오를 반복하던 관측천문학자들은 1990년에 드디어 '라이고(레이저 간섭계 중력파 관측소)' 건설 계획 예산을 승인받았습니다. 라이고는 정말 제대로 중력파 신호를 감지하기 위해서 웨버의 알루미늄 막대보다 훨씬 더 크고 길게 건설되었습니다. 한쪽이 무려 4km나 되는 L자 모양의 거대한 통로였지요. 그 속을 반사된 레이저가 왔다 갔다 하면서 중력파에 의해 미세하게 진동하는 시공간의 모습을 포착하는 것이 라이고의 기본 원리였습니다. 1994

년 첫 삽을 뜬 라이고 장비는 미국 북서부 핸퍼드(워싱턴주)와 남동부 리빙스턴(루이지애나주)에 함께 지어졌습니다.

두 개의 쌍둥이 라이고가 함께 중력파를 찾았지만 2002년 첫 작동 이후 무려 8년 동안 아무런 성과가 없었습니다. 아무래도 라이고의 성능이 부족한 것 같았지요. 그래서 라이고 팀은 다시 장비 업그레이드를 위해 수년 동안 고군분투했습니다. 레이저, 반사 거울, 주변 잡음을 걸러내는 장치를 시간을 들여 보완하면서 2015년에 '어드밴스드 라이고'라는 이름으로 다시 작동을 시작했습니다. 이 과정에서 전 세계의 수많은 학자와 연구 기관이 함께 참여하고 협력했습니다. 한국중력파연구협력단도 예외가 아니었습니다.

2015년 봄 학기에 저는 학부 졸업을 앞두고 '천체물리학개론 2' 수업을 수강했습니다. 그 수업의 담당 교수님은 현재 서울대학교 이형목 명예교수님이셨습니다. 당시부터 지금까지 한국중력파연구협력단의 단장직을 맡으며 중력파 연구의 선봉에 서 계신 분이지요. 중력파 부분을 공부하던 수업 시간을 마치며 교수님께서 하셨던 말씀이 생각납니다. 앞으로 5년 안에, 적어도 정년 퇴임을 하기 전에는 반드시 중력파가 발견될 거라고, 아니 그래야만 한다고 하셨지요. 하지만 희소식이 들려오는 데는 그 정도의 시간조차도 필요하지 않았습니다.

해가 바뀌기도 전인 2015년 9월 14일 오전 9시 50분, 두 라이고에 동시에 비슷한 울림이 전해졌습니다. 그동안 이론으로만 예측했던 중력파와 세기, 주파수, 지속 시간 등이 너무나 닮은 신호였지요. 13억 광년을 거슬러 마침내 도착한 틀림없는 중력파였습니다. 중력파로 시공간을 울린 주인공은 쌍둥이 블랙홀이었습니다. 각각 태양 질량의 36배, 29배에 달하는 두 블랙홀이 서로를 돌다가 충돌하면서 하나의 블랙홀로 합쳐졌습니다. 안 그래도 중력이 강한 블랙홀인데 심지어 2개가 서로 충돌했으니 얼마나 시공간을 울렸을까요. 합쳐서 생긴 블랙홀은 태양 질량의 약 62배 정도였으니 나머지 3 태양 질량 정도의 에너지가 중력파로 우리에게 전해진 겁니다.

'GW150914'라는 이름이 붙은 이 중력파 신호는 마치 짧은 휘파람처럼 귀여운 소리로 두 블랙홀의 충돌 이야기를 들려주었습니다. 물론 중력파는 소리가 아니라 시공간의 요동이라서 직접 들을 수는 없습니다. 하지만 중력파의 주파수 자체는 우리가 들을 수 있는 주파수 범위에 있어서 소리로 변환하면 들을 수 있지요. 1초도 안 되는 짧은 시간에 전해진 이야기였지만 모든 사람이 감동할 수밖에 없었습니다. 한 세기 전 아인슈타인의 예측이 결국 옳았음이 신기했고, 블랙홀의 충돌을 처음으로 관측한 것도 뿌듯했으며, 그동안 많은 수고와 노력을 들여 기어이 역사의 한 획을 그은 사람들에게 진심으로 박수를 보낼 수밖에 없었습니다.

이후 'GW151226', 'GW170817', 'GW190412' 등 (이보다 더 많습니다) 여러 중력파 신호들이 블랙홀과 블랙홀, 때로는 중성자

별과 중성자별끼리의 충돌 이야기를 보내왔습니다. 빛이 아닌 중력파 언어로 된 이야기였지요. 덕분에 천문학계에도 중력파 천문학의 새 분야가 활짝 열렸습니다.

이제 천문학자들은 라이고와 비슷한 장치들을 더 많이 가지고 있습니다. 이탈리아 피사 근교에 지어진 '비르고' 장치는 역시 한 변이 3㎞ 정도인 L자 모양의 중력파 검출기입니다. 2017년부터 라이고와 함께 우주의 중력파 소식을 귀담아듣고 있지요. 아시아에서는 일본이 최초로 중력파 검출기를 직접 이용하고 있습니다. 일본 가미오카 관측소에 지어진 '카그라'는 역시 라이고나 비르고와 비슷한 크기의 장치입니다. 카그라는 2020년 관측을 시작하면서 현재 중력파 관측은 라이고, 비르고, 카그라, 그리고 몇몇 더 작은 검출기들까지 함께 협력하고 있지요. 이렇게 여러 검출기가 있으면 관측도 쉽고 서로 신호를 교차 검증하기도 좋습니다.

그리고 또 하나, 우주에서 중력파를 검출하면 훨씬 작은 시공간의 떨림까지 전해지겠지요! 그래서 유럽 우주국의 주도로 중력파 관측 장비를 아주 크게 만들어서 우주에 띄우려는 '리사(레이저 간섭계 우주 안테나)'라는 계획이 진행 중입니다. 적어도 라이고보다 수십만 배는 더 크게 만들어서 띄우려고 하지요. 물론 쉬운 일은 아니어서 2030년대 완성을 목표로 잡고 있습니다.

중력파를 잡아내면서 우리는 우주의 또 하나의 언어를 배웠고 또 다른 눈을 가졌습니다. 이제 얼마나 더 많은 이야기를 들을 수 있을까요? 우주 시공간이 실어 오는 중력파는 빛과 함께 우리의 우주 이야기를 더 풍성하게 만들어줄 겁니다. 2015년 봄 학기의 저는 실감하지 못했지만, 그때 교수님께서 중력파 발견을 왜 그리 간절히 바라셨는지 이제는 알 것 같습니다.

천문학의
레벨업!

천문학의 눈, 더 멀리, 더 자세히!

천문학은 어떤 이론이나 가설도 반드시 관측을 통해 확인합니다. 우주의 팽창을 믿지 않던 아인슈타인 같은 대가도 은하들의 적색이동 분포를 보고는 우주 팽창을 믿을 수밖에 없었습니다. 정상우주론은 호일이 오랫동안 공들여 만든 이론이었지만 우주배경복사가 관측되자 폐기되었지요. 반면 암흑 에너지나 암흑물질도 지금은 존재한다는 것이 정설이지만 관측으로 직접 찾아내지를 못하니 아직도 정체를 알 수 없습니다. 그러면 반드시 그 존재를 의심받게 되지요. 우리가 어떻게 생각하든 천문학은 우주에서 보이는 것을 믿는 관측의 학문입니다.

그래서 천문학의 눈은 지금도 진화하는 중입니다. 더 좋은 눈으로 우리가 우주와 더 많이 소통할 수 있으니까요. 앞으로 우리가 우주를 보는 눈은 더 커지고, 해상도도 높아지며, 개수도 많아지고, 훨씬 더 넓은 범위를 담게 될 겁니다.

망원경의 크기는 곧 빛을 모으는 능력과 같습니다. 크기의 제곱에 비례해서 빛을 더 잘 모으지요. 지름 2m 망원경이 4m로 2배 커진다면 빛을 4배나 더 잘 모을 수 있습니다. 그만큼 훨씬 멀고 어두운 천체들까지 많이 찍을 수 있습니다. 그래서 망원경의 크기는 앞으로 계속 신기록을 경신해나갈 겁니다.

우리나라에 가장 잘 알려진 미래 망원경으로는 '거대 마젤란 망원경'이 있습니다. 8.4m짜리 거울 7개를 육각형 모양으로 이어 붙여 전체 지름 약 25m로 만들어질 거대한 망원경입니다. 현재 가장 큰 망원경인 그란 텔레스코피오 카나리아스(10.4m)보다 두 배 이상 크지요. 고요한 안데스산맥 줄기에 있는 칠레 라스 캄파나스에 2020년대 후반 완공을 목표로 지어지고 있습니다.

거대 마젤란 망원경은 커다란 크기만큼이나 해상도도 매우 좋습니다(관측 기기가 천체들을 얼마나 잘 분해하여 보여주는지에 대해서는 보통 '시상(seeing)'이라는 용어를 쓰지만 여기서는 쉽게 해상도라고 표현하겠습니다). 지상 망원경은 지구 대기 때문에 우주 망원경보다 훨씬 해상도가 나쁜데, 거대 마젤란 망원경에는 대기의 방해를 보정하는 장치를 부착할 예정입니다. 그래서 허블 우주 망원경보다도

10배 이상 해상도가 좋을 예정이지요. 아마 수십억 광년 너머에 있는 은하의 별까지도 분해해서 볼 수 있을 겁니다.

한국천문연구원도 거대 마젤란 망원경 프로젝트에 10% 정도의 지분을 가지고 있습니다. 그래서 미래의 한국 천문학자들이 활발히 이용할 수 있게 될 겁니다. 한국천문연구원에서는 다가올 그때를 대비해서 지금도 해마다 거대 마젤란 망원경 여름학교를 열지요. 저도 몇 년 전에 여름학교에 참석한 적이 있었는데, 인천 앞바다의 한 섬에 갇혀(?) 며칠 동안 거대 마젤란 망원경 모의 관측 제안서 발표 준비를 하느라 한숨도 못 잤던 기억이 납니다. 발표가 끝나고는 밥도 못 먹을 정도로 곯아떨어졌지만 그래도 숙소에서 사람들과 꽤 즐거운 시간을 보냈지요. 당시에는 몹시 힘들었지만 역시나 지나고 보니 재미있었던 기억으로 남아 있습니다. 야속하게도 말이죠.

거대 마젤란 망원경과 더불어 유럽 남방 천문대에서 계획하는 '유럽 초대형 망원경E-ELT'은 향후 수십 년 동안 큰 망원경의 '종결자'가 될 전망입니다. 현재 칠레에서 만들어지고 있는 이 망원경은 1.4m짜리 조각 거울 800개를 이어붙여 완성되고 나면 전체 지름이 약 40m에 달할 예정입니다.

물론 거대 마젤란 망원경과 마찬가지로 해상도도 아주 좋습니다. 물론 유럽 국가들이 우선적으로 사용하겠지만, 천문학은 워낙 국제 협력도 많은 데다 일정 기간만 지나면 데이터가 모두에게 공개되니 우리도 이용할 기회가 생길 겁니다.

박사 과정 수료 학기에 참석했던 빈 천문연맹총회에서 유럽 초대형 망원경의 육각형 모양을 본뜬 팸플릿을 받은 적이 있습니다. 팸플릿에는 지금의 망원경들과 미래의 망원경 몇 개의 크기를 비교한 그림이 있었는데, 유럽 초대형 망원경의 괴물같이 거대한 크기를 실감할 수 있었지요.

크기보다는 넓은 시야로 승부하는 망원경도 있습니다. 작은 망원경은 빛을 모으는 능력은 조금 떨어지지만 넓은 영역을 한꺼번에 볼 수 있다는 점을 이용한 거지요. 2023년 이후 관측 활동을 시작할 베라 루빈 천문대의 대형 시놉틱 탐사 관측 망원경LSST이 좋은 예입니다. 크기는 8m지만 한 번에 보름달 45개 정도의 넓은 영역을 볼 수 있습니다. 물론 거대 망원경과 비교했을 때 상대적으로 작다는 것이지 8m도 결코 작은 것은 아닙니다. 대형 시놉틱 관측 망원경은 특히 어두운 왜소은하의 사냥꾼이 되어 우주 지도를 좀 더 꼼꼼히 채울 겁니다.

그런데 빛에는 가시광선만 있는 것이 아니죠. 남반구에 지어지는 미래의 전파망원경 '제곱킬로미터 전파망원경 집합체SKA'는 현재 전파망원경들보다 수십 배는 더 성능이 뛰어납니다. 게다가 차세대 우주 망원경인 제임스 웹 우주 망원경이나 로만 우주 망원경은 적외선 쪽에서, 리닉스 우주 망원경은 엑스선 쪽에서 눈을 뜰 예정이지요. 참, 그러고 보니 우주로 가는 망원경들도 점점 커지고 있네요. 허블 우주 망원경 2.4m, 제임스 웹 우주 망원경 6.5m. 정말 천문학의 눈은 그 변화를 가늠하기도 어려울 정도로 많은 부분이 업그레이드되고 있습니다.

앞으로 밤하늘을 향하는 우리의 눈은 지금보다 몇 배는 더 좋아질 겁니다. 우주는 보면 볼수록 궁금해지지요. 지금 망원경들도 충분히 훌륭한 성능을 지니고 있지만, 천체 사진을 가지고 연구를 하다 보면 꼭 더 좋은 사진을 바라게 됩니다. 꼬리에 꼬리는 무는 천문학자들의 욕심이자 호기심이지요. 그래서 우리는 계속 더 멀리, 더 자세히, 너 넓게, 그리고 더 많은 눈으로 보려는 것이겠죠. 모두 눈을 뜨면 우리는 얼마나 더 다채로운 우주의 모습을 보게 될까요?

천문학의 손발, 더 빠르게, 더 정확하게!

망원경 이야기를 약간 낭만적으로 끝맺었습니다. 사실 이건 천문학자들에게 설레는 일이면서도 동시에 그렇지 않기도 합니다. 엄청난 양의 관측 자료가 쏟아질 테고, 그걸 죄다 분석해서 논문 발표를 하는 건 오로지 학자들의 몫이기 때문이지요. 한 마디로 우주에서 할 일이 산더미처럼 쏟아진다는 뜻입니다. 삶은 가까이서 보면 비극이요, 멀리서 보면 희극이라고 누가 그랬던가요. 관측 기기의 눈부신 발전은 가까이서 보면 천문학자들이 무진장 고생할 거라는 얘기와 같습니다. 그래서 미래의 천문학은 눈과 함께 손발도 너무나 중요합니다. 아무리 천문학자들이라도 고생이 너무 심하면 결과에 보람조차 느끼지 못할 테니까요.

정보의 홍수이다 못해 쓰나미처럼 쉴 새 없이 데이터가 쏟아지는 요즘을 빅데이터 시대라고 하지요. 천문학도 마찬가지입니다. 이제 테라바이트(약 1,000기가바이트)쯤은 우습지요. 당장 우리 연구실에서 분석하는 스바루 망원경 관측 이미지는 한 장을 처리하는 데 수십 테라바이트의 용량을 잡아먹습니다. 그런데 앞으로 대형 시놉틱 관측 망원경에서 쏟아질 데이터는 하루에 약 30테라바이트로, 그걸 모두 받으려면 페타바이트(약 1,000테라바이트) 이상의 데이터베이스가 필요하겠지요. 전파 관측 자료의 경우는 데이터 처리 과정이 복잡해서 가시광선이나 적외선 자료보다 용량이 훨씬 더 큽니다. 게다가 전파 영역은 낮에도 어느 정도 관측이 가능하니 관측 가능한 시간도 더 길지요. 그래서 제곱킬로미터 전파망원경 집합체는 몇 술 더 떠서 엑사바이트(약 1,000페타바이트) 이상의 데이터 저장소를 갖춰야 합니다. 이쯤 되면 정신이 아득해지는 용량입니다.

물론 천문학자들도 다가올 빅데이터 시대를 착실하게 준비하고 있습니다. 관측소에서 나오는 데이터를 알맞게 압축해서 전송한 뒤, 분석이 가능한 형태로 가공하는 모든 과정을 자동화하고 있지요. 목표는 천문학자들이 데이터를 내려받으면 어렵지 않게 바로 분석할 수 있도록 하는 겁니다. 이렇게 데이터를 가공하고 전달하는 자동화 프로그램을 수도관이나 송유관에 빗대어서 '파이프라인'이라고 부르기도 합니다. 앞으로 대부분의 천문대에서는 이런 파이프라인을 구축하는 천문학자들의 비중이 높아질 겁니다.

관측 자료를 분석할 때도 일일이 사람 손을 거치지 않게 하는 방법이 있습니다. 바로 인공지능이지요. 예를 들어 관측 자료를 받으면 거기서 별이나 성단, 은하를 각각 나눠서 자동으로 뽑아주고, 천체들의 밝기와 크기까지 계산해 주는 겁니다. 이미 일각에서 이런 프로그램들이 사용되고 있지만, 앞으로 더 정밀한 프로그램들이 개발되겠지요.

특히 은하 분류는 인공지능에 맡기기에 가장 적합한 일입니다. 사람이 하나하나 보고 분류하기에는 개수도 너무나 많고, 은하의 모양은 그야말로 천태만상이니까요. 그래서 사람 대신 기계에 엄청난 수의 은하 모양과 사진을 학습시켜 분류하게 하는 방법이 주목받고 있습니다. 머신러닝(기계학습)이지요. 4장에서 이야기했던 갤럭시 주 프로젝트처럼 여러 사람이 직접 보고 은하를 분류하는 방법도 있지만, 만약 머신러닝 기술이 더 정교해진다면 그것조차도 필요 없어질 수 있습니다. 아니, 그렇게 된다면 적용할 수 있는 분야가 어디 은하 분류뿐일까요. 외계행성 찾기, 원하는 성단이나 은하 찾기, 천체까지의 거리 측정, 초신성의 광도 곡선, 아주 멀리 있는 퀘이사 찾기 등등 그야말로 무궁무진하게 이용할 수 있을 겁니다. 그래서 지금도 머신러닝 기술을 적용한 논문들이 많이 나오고 있습니다. 가까운 동료 대학원생 중에도 스스로 머신러닝 방법을 익혀서 연구할 때 써먹는 친구들이 하나둘 생기고 있습니다.

하지만 파이프라인 구축이나 인공지능, 머신러닝 등 무엇을 하더라도 꼭 필요한 능력이 있습니다. 프로그래밍 언어를 다루는 코딩 능력이지요. 만약 천문학 전공을 하고 싶은 학생이 있다면, 개인적으로 저는 파이선Python이나 C언어 같은 언어들을 미리 배워두는 것이 나중의 스트레스를 크게 줄이는 방법이라고 생각합니다. 저를 비롯한 많은 연구자는 대부분 시간을 코드와 씨름하느라 보낼 정도니까요. 단순히 천문학 지식을 섭렵하고 수식을 잘 푸는 것이 다가 아닙니다. 이제는 코드를 직접 짜고 이해할 줄 알아야 파이프라인이든, 머신러닝이든, 결과 분석이든 뭐든 할 수 있는 세상입니다.

앞으로 천문학자들의 역할도 점점 세분화되리라 생각합니다. 관측부터 분석과 논문 발표까지의 연구를 혼자 하는 것이 아니라 더 많은 사람이 함께 도움을 주고받으면서 연구가 완성될 거라는 이야기입니다. 지금도 이미 그렇고요. 오랜 시간 컴퓨터 앞에 앉아 파이프라인 코드를 짜는 사람, 머신러닝 코드의 오류 원인을 찾아내려고 밤새 시행착오를 반복하는 사람, 코드를 받아서 분석에 이용해 보다가 잘못된 점을 발견하고 피드백을 주는 사람….
이들이 눈에 띄지 않는다고 해서 중요하지 않다고 생각하면 절대
안 됩니다. 천문학은 천재 한두 명이 이끌어 가는 것이 아니라, 다
함께 방향을 잡고 힘을 모아야 앞으로 나아갈 수 있는 분야이기
때문입니다. 천문학의 눈 못지않게 손발도 함께 호흡이 척척 맞아
야 연구할 맛도 나겠지요. 그리고 우리는 천문학이 항해하며 새롭
게 만날 우주 이야기에 좀 더 귀를 기울일 수 있을 겁니다.

가장 넓은 바다는 아직 항해되지 않았고 가장 먼 여행은 아직
끝나지 않았다.

－〈진정한 여행〉, 나짐 히크메트

별나게 다정한 천문학

초판 1쇄 발행	2022년 5월 26일
초판 2쇄 발행	2023년 11월 6일
지은이	이정환
펴낸곳	(주)행성비
펴낸이	임태주
편집장	이윤희
디자인	이유진
출판등록번호	제2010-000208호
주소	경기도 김포시 김포한강10로 133번길 107, 710호
대표전화	031-8071-5913
팩스	0505-115-5917
이메일	hangseongb@naver.com
홈페이지	www.planetb.co.kr

ISBN 979-11-6471-188-8 (03440)

행성B는 독자 여러분의 참신한 기획 아이디어와 독창적인 원고를 기다리고 있습니다.
hangseongb@naver.com으로 보내 주시면 소중하게 검토하겠습니다.